JN437346

Laboratory Experiments for ***General Chemistry***

일반화학실험

화학교재연구회 편저

사이플러스
Science plus

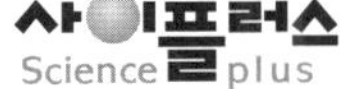

이 책을 펴내며

과학은 호기심에서 비롯된다고 필자는 생각한다. 강의 시간에 이론적으로 배운 내용이나 일상생활에서 늘 접하는 다양한 자연 현상에 대하여 호기심을 가지고 "왜 그런가?"라는 질문에 스스로 답하고자 노력하는 것은 과학을 배우는 학생이 가져야 할 첫 번째 덕목으로 판단된다. 과학에서의 실험은 강의실에서 배운 이론에 대한 이해를 더욱 심화할 수 있도록 해 주며, 새롭게 습득한 실험 지식과 기술들을 바탕으로 창의적인 실험을 설계하고 수행할 수 있는 능력을 배양해 준다. 본 교재를 사용하는 대부분의 학생들은 대학 1학년 신입생들일 것이며, 많은 경우 자연과학대학이나 공과대학 학생들일 것이다. 아직 실험에 관하여 초보인 학생들에게 화학 실험에 대한 호기심, 이론의 이해도 심화, 새로운 실험 기술의 습득을 목표로 본 교재를 엮게 되었다.

많은 일반화학실험 교재들이 적정을 기초로 한 습식 정량 분석에 많은 부분을 할애하고 있는 것에 비해 본 실험 교재는 ① 화학 실험의 기초, ② 일반화학 강의의 각 장에 포함된 기본적인 내용들, ③ 유기 및 무기 합성, ④ 분리 및 정제 방법, ⑤ 기기를 사용한 화학 실험 등을 다룰 수 있도록 구성하였다.

실험 기구의 검정과 용액의 제조 및 표준화 등은 화학 실험의 기본을 가르치기 위해 편성한 것이며, 기체, 증발, 산-염기, 완충 용액, 용해도곱 상수, 용액의 총괄성, 화학 평형, 화학 반응 속도론, 열화학, 산화-환원, 화학 전지 등은 일반화학 강의의 각 장에 포함된 기본적인 내용들에 대한 이해도를 높이기 위해 구성된 실험들이다. 일반화학 강의와 진도를 맞추어 실험을 수행하면 수업의 효과가 배가될 것이다.

식초의 정량 분석, 물의 경도 측정, 표백제의 산화 능력 측정, 비타민 C의 정량 분석, 의약 제제의 분석, 천연 염색, 녹의 제거 등을 통하여 일상생활 속에서 항상 접하는 물질과 현상에 관련된 화학 반응을 이해할 수 있도록 하였다. 아스피린의 합성, 킬레이트 화합물의 합성 및 분석, 폴리에스터의 합성, 금 나노 입자의 합성 및 분석을 통하여 합성의 기본적인 기술을 습득하고, 소재화학이 현대 산업에 미치는 영향에 대한 이해도를 향상시킬 수 있기를 바란다. 증류, 재결정, 용매 추출, 크로마토그래피 등 화학 실험에서 사용하는 가장 기본적인 분리 및 정제 방법에 대해 소개하고, 그것을 통하여 고순도 물질을 얻는 과정에 대해 이해하도록 하였다. 끝으로, 분광 광도계를 이용한 정량 분석의 방법에 대해 설명하였으며, 기기를 사용하여 화학 반응에서 혼합물로 존재하는 화학종 각각에 대한 농도를 측정하여 반응 속도론, 화학 평형에 응용하는 방법에 대하여 기술하였다.

각각의 실험에 간단한 실험 배경, 실험 기구 및 시약, 시약 제조 방법, 실험 과정, 실험 결과 처리, 실험 보고서 순으로 구성하여, 학생들 스스로 충분히 실험을 수행할 수 있도록 실험 순서별로 자세히 서술하였다. 또한 결과 처리 과정의 용이성을 위하여 예시를 통하여 결과 처리에 대한 방법을 이해할 수 있도록 하였다. 본 교재에서 사용하는 실험 기구 및 화합물들의 이름은 대한화학회의 화학술어집을 기반으로 서술하여 표준화된 표현을 하고자 하였다.

아울러 교수와 더불어 실험을 이끄는 조교의 역할 및 책임에 대하여 기술하였다. 많은 경우 실험 수업은 학과의 교수뿐만 아니라 학과 내에서 교과 과정의 일부를 담당하여 가르치고 있는 조교들에 의해 이루어진다. 따라서 실험 수업에서 조교의 역할과 책임을 강조하였으며, 그들이 자신의 역할에 책임감을 가지고 충실하게 임하기를 바란다. 또한 실험실 안전 사고 예방과 대응 매뉴얼에 관한 내용을 대폭 보강하여 학생들에게 안전에 관한 지식을 갖출 수 있도록 하였다.

마지막으로 본 실험 교재의 출판에 노고를 아끼지 않은 사이플러스에 감사를 드린다.

2016년 1월 25일

엮은이 대표 적음

차례

제3부 물질의 특성 자료

제 1 부 예비편

1. 실험 조교를 위한 지침서
2. 실험 노트 및 실험 보고서 작성법
3. 실험실에서 지켜야 할 안전 수칙 및 사고 대응 매뉴얼
4. 실험실에서 사용하는 기구

1

Laboratory Experiments for General Chemistry

실험 조교를 위한 지침서

1 조교의 역할 및 책임

실험 조교는 가르치는 모든 학생들에게 학문적, 기술적, 인격적으로 중요한 공헌을 해야 하는 책임감 있고 의무감을 요구하는 직책이다. 조교 자신 또한 이러한 책임감을 가지고 지도하거나 가르침을 통하여, 학생들의 관점에서 사물을 바라보는 폭넓은 객관성, 어떤 지식이나 기술들을 알기 위해 노력하는 학생과의 공감대 등을 느끼면서 새로운 지식과 능력을 얻게 될 것이다.

조교는 대학의 수업을 가르치는 사람들을 부르는 전형적인 명칭이며, 많은 경우 조교는 훗날 교수가 될 것을 목표로 하여 석사나 박사 과정을 공브하고 있는 학생들이다. 그렇지만 특정한 주제에 대한 이해력이 특별한 학부생들도 조교가 될 수 있다. 어떠한 경우이든 간에 조교의 일반적인 역할은 대학교 학생들을 대상으로 특정한 과정을 가르치는 것이다. 일반적으로 조교가 가르치는 주제 또는 과목은 조교에게 가르치라고 부탁하는 담당 교수나 학과에 의해 결정된다. 즉, 해당 수업을 가장 효과적으로 진행하기 위하여 가장 적합한 학생에게 교수나 학과에서 의로하게 된다. 바꾸어 말해서 **학생들은 단순히 조교로서 구직 신청을 하거나 자발적으로 지원한다고 해서 조교가 되는 것이 아니다**.

대학교의 조교는 대부분의 경우에 **학과 학생들을 가르치는 책임**과, **수업에 대한 학생들의 이해 정도를 평가하는 책임**, 그리고 학생들의 **공식적인 대학 생활의 기록의 한 부분이 되는 최종 학점을 결정하는 책임**을 가진다. 실제 수업을 바탕으로 진행되는 교과 과정의 이수는 학과의 교수에 의해 진행되거나, 학과 내에서 교과 과정의 일부를 담당하여 가르치고 있는 조교들에 의해 이루어진다. 마찬가지로 최종 시험이나 학생들의 최종 평가 역시 교수, 조교에 의해서 계획되고 진행된다. 만약 조교가 독립적으로 이수 과정이나 최종 시험을 정한다면 담당 교수는 그것을 검토하고 승인해야 한다.

조교들은 일반적으로 그들이 가르치고 있는 과목에 대해 폭넓은 전문 지식을 가지고 있는 담당 교수들에게 지도를 받는다. 즉, 조교는 완벽한 교수 능력을 갖추고 있지 않기 때문에 궁금한 점이 있거나 수업을 하면서 어려운 점이 있으면 교수를 찾아가 스스로 지도를 받아야 한다는 것이다. 대학은 가능한 한 모든 학생들에게 가장 좋은 교육을 제공할 수 있도록 노력하여야 하며, 대학은 훌륭한 교육을 할 수 있도록 조교들을 훈련시키고 도와주는 프로그램을 갖추어야 한다.

조교들에게 요구되는 책임이 때로는 큰 부담으로 느껴질 때가 있다. 우선 조교들은 최근에 가르친 과목에 대하여 충실하지 못했다고 느낄 수도 있고, 또한 학생의 신분으로 가르치는 것이 무척 어렵다고 느낄 수도 있을 것이다. 특히 그들 스스로가 정한 높은 기준과 담당 교수가 그들에게 갖는 큰 기대감 때문에 더욱 그렇게 느낄 수 있을 것이다. 그렇지만 한 학기의 임무를 훌륭하게 완수하였을 때, 그 수업을 수강한 학생들과 교수로부터 인정을 받을 수 있다는 것이 가장 큰 보람이 될 것이다.

2 학생들을 이해하고 그들에게 동기를 부여하기

이 절에서는 각 학생들에 대한 조교의 이해심과, 학생들에게 동기부여를 할 수 있는 방법, 인간의 발전, 인식, 배움에 대한 조교 자신의 이해 정도가 수업의 효과를 향상키기 위해 어떤 역할을 하는지에 대해 설명할 것이다. "학생들을 이해하고 그들에게 동기를 부여하기"라는 이 절의 의도는 학습 스타일, 선호도, 또는 장점이나 단점에 대한 연구를 평가하거나 특징적인 학생들을 위한 또 다른 계획안을 준비해야 하는 입장을 취하기 위한 것이 아니다. 대신에 학생들이 가장 쉽게 배울 수 있는 방법을 다양하게 준비하는 것과 한 명의 학생에게서 순간순간, 매일, 그리고 매주마다 발견되는 차이점이 다른 많은 학생들 사이에서 발견되는 차이점보다 훨씬 크다는 것을 깨닫게 하고자 하는 것이다. 그 기본적인 내용은 다음과 같다.

1. 모든 학생들을 한 명 한 명의 개인으로서 이해하도록 노력한다.
2. 선입견을 가지고 배우는 사람으로서 학생들을 분류하거나 평가하는 것을 피한다.
3. 학생들이 다양한 측면을 변화시키고 논증할 수 있다는 것을 기대한다.
4. 매 순간 듣고 보는 것을 통해 학생들을 유심히 관찰한다.

3 실험실 안전 수칙 가르치기

화학 실험에서는 많은 유해성 시약과 위험성을 내재하고 있는 유리 기구들, 전기 제품들, 그리고 화기를 빈번하게 사용하기 때문에 실험을 수행하는 학생들에게 위험한 사고가 발생할 가능성이 매우 높은 편이다. 따라서 조교는 발생할 수 있는 안전 사고를 예방하기 위하여 항상 시약, 장치 및 기구, 시설 등을 점검하여 "연구실 일상 점검표"를 작성하여 담당 교수나 학과에 보고하여야 한다. 또한 사고가 발생했을 경우 대응 매뉴얼에 따라 신속하게 대처하여 인명 피해를 최소화할 수 있도록 해야 한다. 이

교재에 간략하게 수록된 내용 이외에도 미래창조과학부의 지원으로 한국화학연구원에서 제작한 "실험실 안전 실전 가이드"는 실험실 안전에 대한 아주 좋은 가이드북이 될 것이다.

일반화학실험 수업을 수강하는 대부분의 학생들은 대학 1학년 신입생들일 것이다. 따라서 아직 실험에 관하여 초보인 학생들이기 때문에 조교가 그들에게 가르쳐야 할 무엇보다 중요한 것은 안전 수칙이다. 학생들은 안전 수칙을 준수하며 실험하는 것을 습관화하여 점차 숙련된 실험 기술을 습득할 수 있어야 한다. 따라서 안전 사고를 예방하기 위하여 수강생들에게 다음과 같은 사항을 숙지시키는 것도 조교의 의무이며 책임이다.

1. 실험실에서 지켜야 할 안전 수칙
2. 안전 사고 예방 및 사고 대응 매뉴얼

안전 사고는 미연에 예방할 수도 있지만, 조금의 부주의로도 발생할 수 있다는 것을 명심하기 바란다.

2

Laboratory Experiments for General Chemistry

실험 노트 및 실험 보고서 작성법

1 실험 노트

실험을 수행하는 연구자에게 가장 중요한 것은 실험 노트이다. 지적 재산권 분쟁 등을 다루는 법정에서 실제로 실험 노트는 증거물로 채택될 수 있다. 따라서 이공계의 연구에 있어서 실험 노트의 기록을 잘못하는 경우 엄청난 경제적 손실을 가져올 수도 있다.

화학 실험 노트에는 실험 과정에서 어떤 목적으로 무엇을 어떻게 수행하였으며, 어떤 물리화학적인 변화를 관찰하였는가를 꼼꼼히 기록하여야 한다. 더욱이 실험 노트에 기록된 모든 내용은 본인은 물론 다른 사람들이 이해할 수 있도록 기록하여야 한다. 따라서 다른 사람에 의해 그 실험이 수행될 때에도 동일한 실험 결과가 얻어질 수 있도록 매우 상세하게 기록하여야 한다. 많은 경험을 가진 연구자들조차도 완벽하지 못하거나 이해하기 어려운 노트를 작성하는 실수를 범하곤 한다. 암호를 사용해서는 안되며, 일반적으로 사용되는 기호가 아닌 기호를 사용할 경우 반드시 주석을 달아야 한다.

2 예비 실험 노트

본 교재를 사용하는 대부분의 학생들은 대학 1학년 신입생들일 것이다. 실험에 관하여 초보인 학생들은 실험을 위해 수업에 들어가기 전 예비 노트를 작성하는 것이 매우 큰 도움이 된다. 예비 노트에는 실험의 제목을 적고, 목적을 기술하고, 교재에 적혀 있는 실험 방법(대부분의 외국서적은 문장과 단락의 형태로 되어 있음)을 행동 단위로 나누어 흐름도의 순서로 정리하고, 사용하는 기구의 명칭과 용도를 파악하고, 사용하는 시약의 물리량(분자량, 녹는점, 끓는점, 상태, 액체인 경우 밀도), 취급법, 독성, 모든 화학 반응의 균형 화학 반응식과 알짜 이온 반응식 등이 기록되어 있어야 한다. 따라서 실험 도중에 필요한 자료들을 손쉽게 찾을 수 있어야 한다.

3 실험 노트

실험실에서 실험을 수행하는 과정에서 다음과 같은 사항들을 반드시 실험 노트에 기록하여야 한다.

1. 제목
2. 날짜
3. 목적
4. 실제로 수행한 실험 과정의 기술
5. 결과와 관찰 사항
6. 계산 과정
7. (필요 시) 작성자의 서명 및 동료 서명

훌륭한 실험 노트는 수행한 모든 실험 결과에 대한 설명을 나타낼 뿐만 아니라 다른 사람에 의해 똑같은 방법으로 정확하게 실험을 재현할 수 있게 할 것이다. 또한 2인 이상의 조별 실험을 할 경우에도 실험 노트는 반드시 각자 기록하여야 한다. 측정과 관찰은 관찰자 개인별로 차이가 있기 때문에 반드시 개인이 관찰한 내용을 각자의 실험 노트에 기록하여야 한다.

4 실험 보고서

예비 실험 노트와 실험 노트를 바탕으로 실험 보고서를 작성한다. 실험 보고서는 실험 과정 동안 관찰되거나 얻어진 사실(결과)과 그 사실 속에 포함된 화학적인 이론에 대한 고찰을 기술하는 것이다. 실험 보고서는 결과에 대한 단순한 고지가 아니라 완성된 하나의 보고서의 형식을 갖추어야 한다.

1. **날짜**: 실험을 수행한 날짜를 기록한다.
2. **제목**: 실험 제목은 교재에 제시된 제목을 적는다.
3. **실험 목적**: 실험을 수행한 목적을 가장 함축적인 짧은 문장 형식으로 기술한다.
4. **원리**
   (1) **배경 이론**: 실험의 기본적인 내용과 이론을 정리하여 쓴다. 그림 및 수식 등을 문헌을 참고하여 기술한다.
   (2) **화학 반응식**: 많은 화학 실험에서 균형이 맞추어진 화학 반응식, 알짜 이온 반응식 등을 알아야 정량 분석, 합성 등에서 정확한 자료 처리가 가능하다.
5. **실험 기구 및 시약**
   (1) **실험 기구 및 장치**: 실험에 필요한 기구와 장치의 이름과 용도를 기술한다. 분광광도계, pH meter와 같은 기기들은 간단한 원리를 기술한다.

(2) **시약**: 실험에 사용한 시약들의 IUPAC 이름, 화학식, 화학식량, 용해도, 독성 등을 조사하여 기록한다. 이와 같은 기초 자료를 조사하고, 요약하여 기본 지식으로 습득하는 습관들은 향후 화학을 전공하며 전공 실험을 수행할 때나 또는 졸업 후 전문인력이 되었을 때 매우 유용한 습관이다.

6. **실험 과정**: 실험 교재를 참조하여 실험을 수행하는 실제 과정에 대해 구체적으로 정리하여 기술한다. 일반적으로 학부 과정에서는 실험에서의 동선과 관찰된 변화를 중심으로 개조식으로 기술하지만, 실제의 연구 보고서에서는 완전한 문장 형식으로 기술하는 경우가 대부분이다. 각 과정에서 얻은 측정값과 관찰 사항을 기록한다.

7. **결과**: 물리량의 측정값, 미지 시료의 농도, 합성의 수득량 등을 정리하여 표로 상세히 나타내거나 그래프로 나타내며, 이론적인 배경으로부터 이론값을 계산하여 측정 오차, 백분 수득률 등을 나타내어야 하며, 필요하다면 자료의 통계 처리를 해야 한다.

8. **토의 및 결론**: 실험에 연관된 이론적인 근거들을 바탕으로 실험 결과를 해석하여 기술하고, 발생한 실험 오차에 대한 분석을 통하여 그 원인을 밝히고, 실험을 통하여 습득한 전반적인 지식과 기술에 대하여 결론을 맺는다.

9. **참고 문헌**: 이론이나 토의 부분을 기술하기 위하여 참고한 문헌들을 목록으로 제시한다.

3

Laboratory Experiments for General Chemistry

실험실에서 지켜야 할 안전 수칙 및 사고 대응 매뉴얼

1 실험실에서 지켜야 할 안전 수칙

화학 실험실은 강의 시간에 다룬 이론적인 지식들에 대하여 실험을 통하여 그 배경 지식과 원리들을 배우는 장소이다. 따라서 화학 실험은 새로운 지식에 대한 호기심과 탐구심을 가지고 임해야 하며, 그것을 통해 학문적인 성취와 함께 즐거움이 있어야 한다.

하지만 대부분의 화학 실험이 많은 유해성 시약과 위험성을 내재하고 있는 유리 기구들, 전기 제품들, 그리고 화기를 빈번하게 사용하기 때문에 실험을 수행하는 연구자들에게 위험한 사고가 발생할 가능성이 매우 높은 편이다. 따라서 화학 실험을 수행하기 전에 실험실 안전 수칙을 반드시 숙지하고 있어야 하며, 모든 실험은 주어진 안전한 절차에 따라 수행하여야 한다. 화학 실험실에서 실험을 수행할 때는 항상 실험복, 보안경, 보호 장갑을 착용하여야 하며, 필요에 따라 마스크와 귀마개를 착용하여야 한다. 또한 만약에 일어날 수 있는 사고에 대비하여 세안 장치, 응급 샤워 장치, 소방 안전 설비(소화기, 소화 담요 등)가 갖추어져 있어야 하며, 방독면, 구급약 등이 준비되어 있어 활용할 수 있어야 한다.

1. 기본 복장 갖추기

- 실험을 하기 위해서는 반드시 작업이 용이하고 피부의 노출을 최소화할 수 있는 긴소매, 긴바지를 착용하여야 한다. 반바지, 치마 등의 착용은 삼간다. 또한 겨울철의 경우 실험복 위에 두꺼운 외투를 착용하는 경우가 있는데 몸의 감각이 둔해져서 본인의 의지와 관계없이 실험 기구나 시약병 등과 접촉하여 넘어뜨릴 수 있으므로 삼간다.
- 잘 미끄러지지 않는 발등을 덮는 운동화(또는 구두)를 착용하여야 한다. 하이힐, 샌들 등의 착용은 삼간다.
- 머리카락이 긴 경우 불꽃에 노출되거나 화학 물질에 쉽게 오염될 수 있으며 실험

장치들에 머리카락이 끼일 가능성이 있으므로 반드시 단정하게 묶어 주어야 한다.

- 손목시계, 목걸이, 반지, 넥타이, 휴대 전화 등 실험에 불필요한 물건은 사물함에 보관하고 실험을 수행한다.

2. 개인 보호 장구 착용하기

위에서 언급한 기본 복장에 다음과 같은 개인 보호 장구를 착용하고 실험을 수행하도록 한다.

(1) 실험복 착용

- 실험실에서 유해 화학 물질, 분진 등이 인체에 직접적으로 접촉되는 것을 방지하며, 실험실에서 접촉한 화학 물질이 외부로 유출되는 것을 막아주는 실험복은 연구자를 보호해 주는 가장 기본적인 보호 장구이기 때문에 실험실에서는 항상 실험복을 착용하여야 한다.
- 실험복의 종류에는 일반 실험복, 일회용 실험복, 상하 연결 실험복, 실험 앞치마 등이 있다.
- 일반적인 실험에는 비교적 불이 잘 옮겨 붙지 않고 반응성도 적은 면으로 된 실험복이 좋다. 강산이나 강염기 등을 다룰 때는 실험복 위에 플라스틱이나 고무로 코팅된 앞치마와 팔 토시를 착용하고, 화기를 다루는 실험을 할 때는 방염 앞치마와 방염 토시를 착용한다.
- 시약이나 화염으로 오염된 실험복은 버리고 새로운 실험복을 착용한다.

(2) 보안경 착용

- 위험한 화학 물질, 깨진 유리 조각, 폭발 사고 잔해 등이 눈에 들어가게 되면 실명할 우려가 있으므로 연구자의 눈을 보호하기 위하여 반드시 보안경을 착용하여야 한다.
- 보안경의 렌즈는 일반 안경보다 충격에 강하며, 안경테는 일반 안경에 비해 열에 잘 견디는 소재로 되어 있고, 눈 주위를 완전히 보호할 수 있는 것을 사용하여야 한다. 일반 안경을 보안경 대신 사용해서는 안 된다.
- 가능하면 컨택트 렌즈는 착용하지 않도록 한다. 공기 중에 존재하는 낮은 농도의 유해 화학 물질일지라도 지속적으로 눈에 들어가면 각막과 컨택트 렌즈 사이에 오랜 시간동안 머무르기 때문에 각막의 손상을 가져올 수 있다.
- 실험실에 공용 보안경을 비치하거나 신입생들에게 개인적으로 지급하여 사용하도록 하는 것도 좋은 방안이다.

(3) 보호 장갑 착용

- 실험 과정에서 화학 물질에 노출되는 손을 보호하기 위하여 보호 장갑을 착용하여야 한다. 따라서 보호 장갑은 손의 노출 부위를 덮을 수 있어야 하며, 장갑과 손목

사이에 틈이 생기지 않도록 길이가 충분히 길어야 한다.

- 화학 실험에 사용하는 장갑은 그 목적에 따라 폴리에틸렌 재질(기구, 수용액), 라텍스 재질(수용액, 생물학적 유해 물질), 합성 고무 재질(가스, 유기물질)로 만들어진다. 폴리에틸렌 장갑, 라텍스 장갑은 보통 1회용으로 사용하며, 찢어지지 않은 것을 사용하도록 항상 신경을 써야 한다. 사용 도중에도 닳거나 찢어지지 않았는지 수시로 점검해야 한다.
- 작업이 끝난 후에 보호 장갑을 벗을 때는 피부에 닿지 않도록 특히 주의하여야 하며, 벗고 난 후 손을 물로 깨끗이 씻는다. 합성고무 장갑은 자주 세척한다. 만약 실험 중 보호 장갑이 손상되어 화학 물질이 피부에 닿았다면 응급처치 후 즉시 병원에서 치료를 한다.
- 이 이외에도 뜨거운 물체를 만질 때는 내열 장갑을, 화염이 강한 실험에는 방염 장갑을, 차가운 물질을 만질 때는 초저온 장갑을 사용한다.

(4) 마스크 착용

- 화학 실험실에서 분진, 유해 화학 물질이 호흡기를 통해 인체로 흡입되는 것을 막기 위하여 마스크를 착용하여야 한다.
- 일반적으로 실험실에서 사용하는 일회용 마스크는 대부분 부직포 필터를 사용한다. 방진 마스크는 작은 분진(중금속, 분말 시료의 분진 등)이 유입되는 것을 방지하기 위해 착용한다. 방독 마스크(방독면)는 유해 화학 물질이 호흡기를 통해 인체로 흡입되는 것을 막아 준다.
- 마스크를 착용할 때는 카트리지, 정화통 등을 점검하고, 안면에 밀착되어 공기가 새지 않도록 착용한다. 호흡 곤란 증세가 생길 수도 있으므로 장시간 착용할 경우 적절한 시간 간격으로 휴식을 취한다.

3. 안전하게 시약 다루기

실험을 수행하기에 앞서 반드시 해야 할 일은 사용하는 시약에 대한 기본 정보와 안전하게 다루는 방법을 습득하는 것이다.

(1) 물질 안전 보건 자료(Material Safety and Data Sheets, MSDS)

- 안전한 화학 물질 취급법을 근로자나 실수요자에게 제공함으로써 화학 물질에 의한 산업 재해나 직업병 등을 예방하기 위하여 화학 물질의 제조업체, 수입업체, 취급업체가 해당 물질에 대한 유해성 평가 결과를 근거로 작성한 자료를 물질 안전 보건 자료(MSDS)라고 한다.
- 일반적으로 물질 안전 보건 자료에는 화학 물질에 대한 16개항의 정보가 자세하게 제공되어 있다.

· 화학제품과 회사에 관한 정보(Identification of the substance/mixture and of the company/undertaking)
· 유해성 · 위험성(Hazards identification)
· 구성 성분의 명칭 및 함유량(Composition/information on ingredients)
· 응급 조치 요령(First aid measures)
· 폭발 · 화재 시 대처 방법(Firefighting measures)
· 누출 사고 시 대처 방법(Accidental release measures)
· 취급 및 저장 방법(Handling and storage)
· 노출 방지 및 개인 보호구(Exposure controls/personal protection)
· 물리 · 화학적 특성(Physical and chemical properties)
· 안정성 및 반응성(Stability and reactivity)
· 독성에 관한 정보(Toxicological information)
· 환경에 미치는 영향(Ecological information)
· 폐기 시 주의 사항(Disposal considerations)
· 운송에 필요한 정보(Transport information)
· 법적 규제 현황(Regulatory information)
· 그 밖의 참고 사항(Other information)

– MSDS 정보 찾는 방법: 국내에서는 제조회사의 웹사이트에 접속하여 검색할 수 있다. 또는 한국산업안전보건공단(http://www.kosha.or.kr/) 웹사이트에 회원가입 후 접속하여 물질의 이름, CAS 번호로 MSDS를 검색하면 pdf 파일을 내려받을 수 있다. 하지만 국내에서 내려받을 수 있는 국문 MSDS 자료는 한계가 있다. 외국 자료 역시 제조회사의 웹사이트에 접속하여 쉽게 얻을 수 있다. 회사 이름, 화학 물질의 CAS 번호, 화학 물질명, 제품명 등으로 검색할 수 있다.

(2) 안전하게 시약 다루기

– 시약은 성상에 따라 고체, 액체, 기체로 나눌 수 있으며, 시약의 보관 장소는 반응성 및 위험성에 따라 일반 시약장, 환풍 시약장, 건조 시약장, 흄 후드, 불활성 글러브 박스, 냉장고, 냉동고, 액체 질소 용기 등 각기 다르다. 각 시약병에는 시약명, CAS 번호, 화학식, 화학식량, 녹는점, 끓는점과 함께 보관 온도, 보관 환경에 대한 정보가 표시되어 있다. 따라서 시약을 취급할 때는 각 시약의 특성을 정확히 파악하고 사용하여야 한다. 화학 반응의 각 단계에서 실수로 다른 시약을 사용하였을 때에는 독극 물질 발생, 폭발, 연소 등 예기치 않은 사고를 유발할 수 있다. 또한 사용 후에는 반드시 보관 환경을 준수하여 보관하여야 한다.
– 새로 구입한 시약은 개봉 전에 구입 일자와 개봉 일자를 표시하고 사용하여야 하며, 유효 기간이 지나면 폐기처분해야만 한다. 또한 시약병에서 일부분을 취해 사용하던 시약을 다시 시약병에 넣어서는 안 된다.

- 화학 실험실에서 사용하는 대부분의 시약은 유독성 물질이기 때문에 맛을 보아서도 안되며, 냄새를 맡아서도 안 된다. 특히 합성한 시약이 시중에서 판매되는 물질과 같은 물질이라고 판단하여 맛을 보거나 먹어서는 절대로 안 된다. 실험실에서 합성된 물질들은 정제되지 않은 것이므로 검증되지 않은 불순물들을 포함하고 있기 때문에 치명적일 수 있다.
- 시약병을 취급할 때는 정확히 한손으로 병의 몸통을 잡고 다른 한손으로는 밑부분을 바치고 취급해야 하며, 시약병을 들고 절대 뛰거나 흔들어서는 안 된다.
- 독성이 있거나 냄새가 심한 기체가 발생할 때에는 항상 개인 보호 장구를 갖춘 상태에서 흄 후드(hume hood)에서 실험하여야 한다. 흄 후드를 사용할 때에는 후드 안에 머리를 넣지 않도록 한다.
- 실험에 사용한 물질은 종류에 따라 회수통에 분리하여 회수하여야 하며, 정기적으로 전문 폐기물 처리업체가 수거하도록 한다. 폐기물 처리 시설이 갖추어져 있지 않은 실험실에서 함부로 싱크대나 휴지통에 버려서는 절대로 안 된다. 무기 폐기물은 사이안계, 수은계, 플루오르 인산계, 산 및 크로뮴산 혼산, 알칼리계, 중금속계, 사진 폐액으로 구분하며, 유기물 폐기물은 가연성인 탄화 수소계, 폐유, 할로젠 폐용제와 난연성인 난연성 유기 폐액, 유해고형 폐기물 등으로 구분하여 분리 수거한다.

4. 안전하게 실험 기구 다루기

(1) 가스 버너

- 가능하면 실험실에서 가스 버너를 사용하지 않기를 바란다.
- 부득이 유리 기구의 세공을 위해 가스 버너를 사용하는 경우에는 사전에 버너의 사용 방법을 충분히 익힌 후 사용하여야 한다.
- 고체 물질의 열분해 실험은 가스 버너를 사용하지 말고 전기로를 사용하는 것이 좋다.

(2) 유리 기구

- 대부분의 유리 기구는 떨어뜨리거나 부딪혔을 때 깨지기 때문에 유의하여야 한다. 눈금 실린더, 뷰렛, 피펫, 온도계 등 길이가 긴 유리 기구가 가장 흔하게 깨지는 유리 기구이므로 특히 주의를 기울여야 한다.
- 잘 빠지지 않는 마개나 밸브를 무리하게 힘을 주어 뺄 경우 파손이 발생한다. 강한 염기 용액이 담긴 부피 플라스크에서 입구와 마개가 염기와 반응하므로 서로 달라붙어 빠지지 않는 경우가 발생한다. 염기성 물질을 사용할 때는 가능한 한 유리 기구를 사용하지 않거나 짧은 시간 동안만 사용하도록 한다. 뷰렛이나 분별 깔때기에는 밀봉 그리스가 도포된 밸브(콕)을 사용하는데 수분 등에 의해 그리스가 굳어서 빠지지 않는 경우가 발생한다. 따라서 최근에는 이와 같은 불편함을 없애기

위해 플라스틱 제품의 마개와 밸브를 사용한다.

- 유리관이나 온도계 등을 고무마개에 끼우고자 할 때에는 면 장갑을 착용한 상태에서 마개에서 가까운 유리관 부분을 잡고 윤활제(물, 글리세린, 그리스)를 묻혀서 끼우도록 한다. 이때 무리하게 힘을 가하면 깨져 상해를 입을 수 있으므로 주의하여야 한다. 잘라진 유리관의 끝부분은 가스 불꽃으로 부드럽게 하거나 사포로 연마한 후 사용하여야 한다. 뜨거운 유리 기구는 반드시 집게나 장갑을 사용하여 다루어야 한다.

(3) 전기 가열 장치

- 실험실에서 가장 많이 사용하는 장치는 교반과 가열을 동시에 할 수 있는 가열판/교반기(가열판/stirrer)이다. 가열판의 표면 온도는 최고 ~600°C 정도이며, 교반속도는 최고 ~1200 rmp 정도이다.
- 전열기를 사용할 때 항상 누전, 합선, 감전 사고에 주의하여야 한다. 가열판의 경우 전선 피복이 가열판에 접촉되어 전선 피복이 벗겨지는 경우가 허다하다. 이런 경우 누전으로 인한 화재나 감전의 위험이 매우 높다. 따라서 가열판에 의해 손상을 입지 않는 절연 전선을 사용하는 것이 매우 중요하며, 사용 전에 장치의 전선, 장치의 작동 여부, 전류 차단기 등을 항상 점검하여야 한다.
- 인화성이 있는 액체는 반드시 중탕을 사용하여 가열하여야 하며, 액체를 끓일 때 갑자기 끓어오르는 것을 방지하기 위하여 반드시 끓임쪽을 넣어 주어야 한다.

(4) 가스 실린더

- 실험실에서 사용하는 기체는 강철 용기(가스 실린더)에 담겨 공급된다. 가스 실린더는 반드시 단단한 벽에 고정시킨 후 사용하여야 한다. 부주의로 바닥에 넘어질 경우 폭발 사고가 일어날 수 있고, 가스의 분출로 인하여 실린더가 날아갈 수도 있다.
- 기체를 사용할 때는 가스 실린더에 기체 유량 조절기를 연결하여 사용하는데 포함된 기체의 종류에 따라 정해진 유량 조절기를 사용하여야 한다. 실린더의 밸브, 유량 조절기의 밸브, 연결관의 누출 여부를 확인하고 사용하여야 한다. 사용 후 실린더의 밸브를 닫고 나머지 부분의 기체는 제거한 후 보관하는 것이 안전하다.

5. 실험실에서의 행동

- 실험을 시작하기 전에 반드시 실험 교재에 있는 내용들과 관련된 교재의 내용을 주의 깊게 읽고 예비 노트를 작성하여야 한다. 실험에 대한 준비가 안 된 학생은 본인은 물론 다른 학생들에게 위험을 초래할 수도 있다.
- 실험에 불필요한 가방이나 외투 등은 지정된 장소에 보관한다.
- 실험을 수행할 때는 절대로 혼자서 실험하면 안 되며, 적어도 한 명이 항상 함께 있어야 한다. 필요할 때면 언제나 조교 선생님과 곧바로 연락이 될 수 있어야 한다.

– 실험이 종료된 후에는 사용한 각종 기구 및 시약은 항상 본래의 위치에 가져다 놓는다.
– 화재 혹은 사고가 발생하였을 때는 지체 없이 조교 선생님에게 보고하여야 하며, 상해를 입었을 경우에는 즉시 병원에서 반드시 의료 처치를 받아야 한다.

6. 실험실 안전 관리 10계명

(1) 사고는 늘 일어날 수 있다는 생각으로 경각심을 가지고 실험에 임한다.
(2) 실험 전에는 실험에 사용될 화학 물질의 독성과 위험성 등의 특성을 미리 파악해 둔다.
(3) 실험에 앞서 반드시 개인 보호 장구 착용 상태를 점검한다. 위험성을 가진 실험은 그에 맞는 보호 장구를 착용한 후 실험에 임한다.
(4) 소화기, 구급 상자, 산소 호흡기 등의 위치와 사용법을 숙지한다. 또한 실험실 사고 시 대피할 수 있는 비상구를 열어 둔다.
(5) 위험하거나 독성이 있는 물질 또는 휘발성이 있는 화학 둘질 등은 후드 내에서 사용한다. 부득이 후드 밖으로 옮겨야 한다면 주변에 있는 동료들에게 상황을 알린다.
(6) 선반이나 테이블 위의 시약을 다룰 때는 넘어지지 않도록 적절히 조치한다.
(7) 안전을 위해 가스 및 수돗물 사용 후 반드시 밸브를 잠근다.
(8) 전기 안전 수칙을 지켜 누전 사고에 대비한다.
(9) 실험실은 항상 정돈된 상태로 유지한다. 불필요한 기물이나 이전 실험의 잔여물은 깨끗이 정리한다.
(10) 기계 오작동이나 환기 불량, 전기, 수도 등으로 야기될 수 있는 위험 요인에 대해서는 실험실을 떠나기 전에 반드시 안전을 확인한다. 사고가 일어나면 그 즉시 보고한다.

2 실험실 안전 사고의 대응 매뉴얼

(1) 실험실 안전 사고의 종류

– 폭발 사고
  · 가스 폭발: 수소 가스에 의한 반응기 폭발, 가스 누출에 의한 폭발, 반응기 가스 폭발 등
  · 유기 용매 폭발: 실험 장비 설치 중 폭발, 실험실 청소 중 폭탈, 옥시염화인과 물과의 반응에 의한 폭발 등
  · 시약/분진 폭발: 시약 누출에 의한 폭발, 산화성 고체 물질에 의한 폭발 등
– 화재 사고
  · 전기 과열 화재: 진공 펌프 과열에 의한 화재, 멀티 콘센트 과열에 의한 화재, 전

기 과부하에 의한 화재, 중탕용 히터 과열에 의한 화재 등
· 화학 약품 화재: 건조기 내부 화재, 진공 펌프 실린더 세척 중 화재, 소듐과 물의 반응에 의한 화재, 아연 분말에 의한 화재, 마그네슘에 의한 화재, 전기 스파크에 의한 화재, 포타슘에 의한 화재 등

– 유해 물질 사고
 · 유해 물질 접촉 사고 등
 · 황산 용기 파손에 의한 화상 사고 등
 · 옥시염화물 용기 파손에 의한 화상 사고 등

– 이 이외에 누출 사고, 중독 사고 등이 있다.

(2) 대응 매뉴얼

실험 조교와 학생은 다음과 같은 절차로 안전 사고에 대한 대응을 한다.

① 사고의 위험성을 과소 평가 금지
② 사고 현장 주변 사고 사실 전파 및 대피 조치
③ 부상자 발생 시 사고 현장에서 우선 대피시키고 응급 조치를 실시하고 필요 시에 병원으로 후송 조치
④ 안전이 확보되는 범위에서 초동 대응이 가능한 경우 대응 실시
 – 화재: 소화기를 활용한 소화 실시 후 퇴실
 – 가스 누출: 가스 밸브 잠금, 창문 환기 조치 후 퇴실
 – 약품 누출: 창문 환기 조치 후 퇴실
⑤ 사안별로 유관 기관에 우선적으로 신고를 하고, 학교의 시설 관리 부서 및 연구실 책임자(학과장)에게 사고 발생 사실 보고
⑥ 추후 조치는 학교 내의 시설 관리 부서, 지역의 소방서에서 조치할 것이며, 중대 사고인 경우 재난 · 안전관리 시스템이 가동될 것임.

3 참고 도서 및 법령

1. 한국화학연구원, 미래창조과학부, “실험실 안전 실전 가이드”, (주) 인더스토리, 대전, 2014.
2. 서울대학교 환경안전원, 교육과학기술부, “국내외 연구 · 실험실 사고사례 모음”, 서울대학교 환경안전원, 서울, 2009. 웹사이트: http://ieps.snu.ac.kr
3. 미래창조과학부 연구환경안전팀, “연구실 안전환경 조성에 관한 법률”, 시행 2015.7.1.

4

실험실에서 사용하는 기구

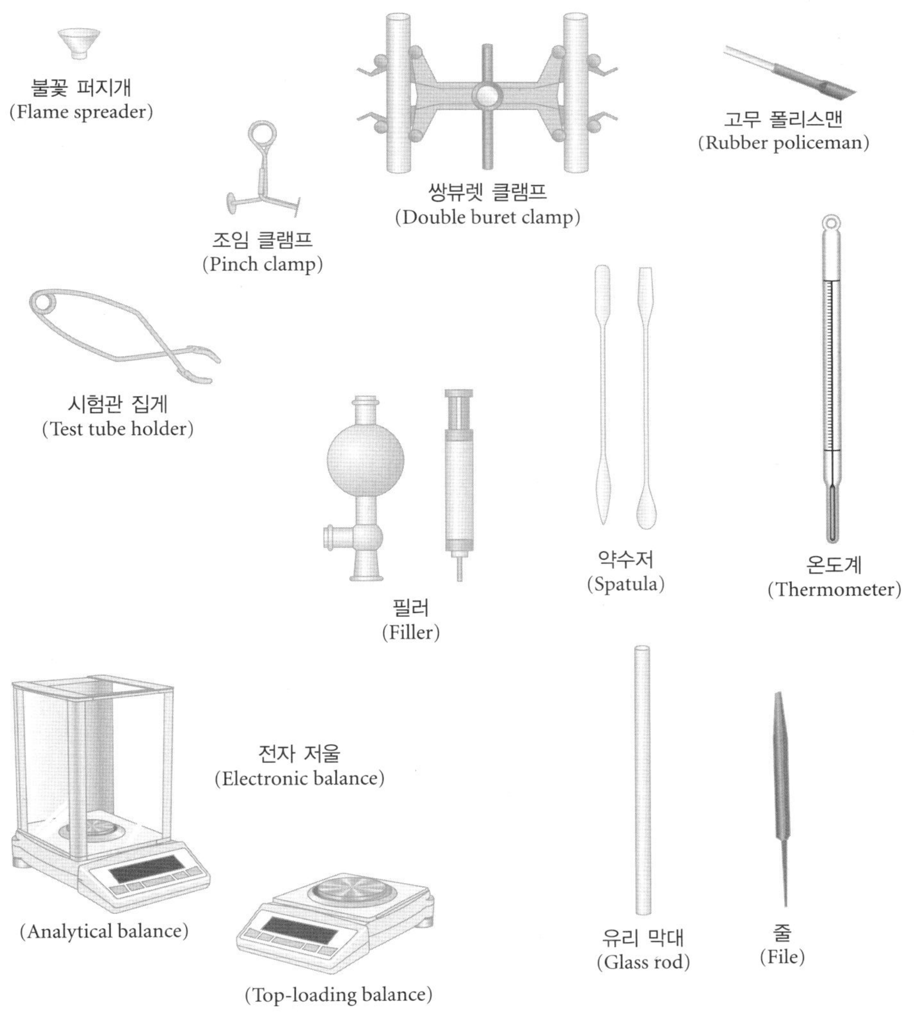

도가니 집게
(Crucible tongs)
비커
(Beaker)
페트리 접시
(Petri dish)
증발 접시
(Evaporating dish)
구멍 뚫이
(Borer)
시험관
(Test tube)
U 자관
(U tube)
지시약병
(Indicator bottle)
기체 씻기병
(Gas washing bottle)
브러시
(Brush)
삼각 플라스크
(Erlenmeyer flask)
연결관
(Adaptor)
도가니
(Crucible)
삼각 석쇠
(Triangle)
삼발이
(Tripod)
가열판
(Hot plate)
깔때기
(Funnel)
깔때기대
(Funnel rack)
부피 플라스크
(Volumetric flask)
둥근 바닥 플라스크
(Round bottom flask)
넓적 바닥 플라스크
(Florence flask)
건조 오븐
(Drying oven)

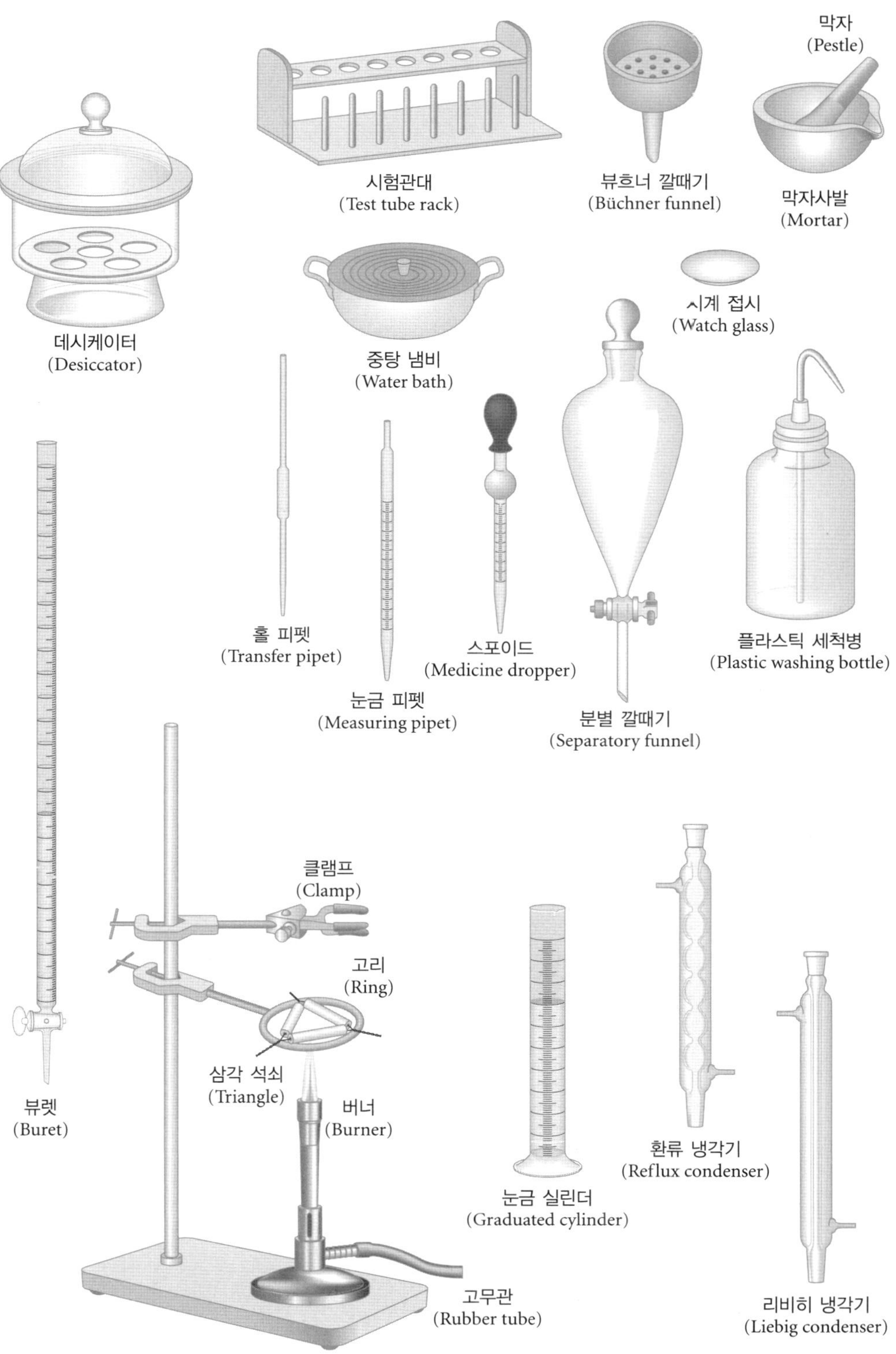
막자
(Pestle)
시험관대
(Test tube rack)
뷰흐너 깔때기
(Büchner funnel)
막자사발
(Mortar)
데시케이터
(Desiccator)
중탕 냄비
(Water bath)
시계 접시
(Watch glass)
홀 피펫
(Transfer pipet)
스포이드
(Medicine dropper)
플라스틱 세척병
(Plastic washing bottle)
눈금 피펫
(Measuring pipet)
분별 깔때기
(Separatory funnel)
클램프
(Clamp)
고리
(Ring)
삼각 석쇠
(Triangle)
버너
(Burner)
뷰렛
(Buret)
환류 냉각기
(Reflux condenser)
눈금 실린더
(Graduated cylinder)
고무관
(Rubber tube)
리비히 냉각기
(Liebig condenser)

제 2 부 실험편

실험 **1**

Laboratory Experiments for General Chemistry

유리 세공

1 실험 배경

화학 실험에는 다양한 용기와 기구("실험실에서 사용하는 기구" 참조)를 사용하며, 이 기구들은 주로 금속, 유리, 세라믹, 플라스틱 등 다양한 재질로 만들어진다. 그 중에서 가장 흔하게 사용하는 기구가 초자 기구라고 부르는 우리로 제작된 기구(glassware)이다. 유리 기구는 투명하여 반응 과정에서 일어나는 변화(색깔, 상변화, 침전 형성 등)의 관찰이 용이하고, 강한 염기를 제외한 대부분의 용매 조건에서 반응성이 거의 없으며, 일반적인 가열 조건(< 300°C)에서 변형되지 않기 때문에 화학 실험에 사용하기 매우 편리한 기구이다. 하지만 심한 충격을 받는 경우나 물과 같이 얼면서 부피가 증가하는 물질이 들어 있는 유리 기구를 냉동할 경우에는 쉽게 깨지는 단점을 가지고 있어 위험을 초래하기도 한다.

겉으로 보기에 유리는 고체처럼 보이지만 과냉각된 액체 또는 점성이 매우 높은 액체로 간주한다. 유리와 석영은 사면체 구조를 갖는 SiO_4^{4-}의 기본 단위로 구성되어 있고, SiO_4^{4-} 사면체의 꼭지점에 존재하는 산소를 공유하면서 공간 배향을 하여 얻어진다. 석영의 경우 규칙적인 공간 배향으로 결정성 고체를 형성하지만 유리의 경우 넓은 범위의 질서가 없는 무정형 고체를 형성한다.

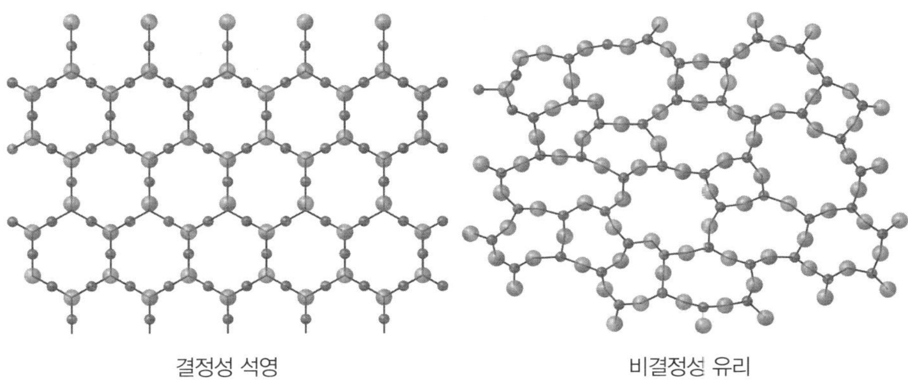

결정성 석영　　　　비결정성 유리

유리는 성분에 따라 소다 석회 유리(sodalime glass), 포타슘 석회 유리, 붕규산 유리 등으로 나뉜다. 소다 석회 유리는 연질 유리이며 주성분은 이산화 규소(SiO_2), 산화 소듐(Na_2O), 산화 칼슘(CaO)이고 일부 첨가 물질이 포함되어 있다. 연화점(softening temperature)은 약 600~800°C 정도로 비교적 낮고, 화학 물질에 대한 내구성도 비교적 낮다. 포타슘 석회 유리는 경질 유리이며 주성분은 이산화 규소(SiO_2), 산화 포타슘(K_2O), 산화 칼슘(CaO)이고 일부 첨가 물질이 포함되어 있다. 붕규산 유리(borosilicate glass)의 주성분은 이산화 규소(SiO_2), 산화 붕소(B_2O_3)이고 일부 첨가 물질이 포함되어 있다. 경질, 내열성이다. 실험실에서 흔히 사용하는 Pyrex® 유리는 약 14%의 B_2O_3를 포함하고 있다. 연화점은 약 ~800°C 정도로 비교적 높고, 화학 물질에 대한 내구성도 비교적 높다. 유리의 경우 제조에 사용하는 조절제 물질에 따라 비결정질 그물망에 Na^+, K^+, Ca^{2+}와 같은 양이온들이 포함된다.

유리 기구는 비교적 가공하기 쉽다. 일반적으로 부피를 갖는 유리 기구는 유리 전이 온도에서 취입 성형으로 제조되고, 유리판은 인발 성형으로 제조되며, 유리관과 유리봉은 압출 성형으로 제조된다.

실험실에서 사용하는 대부분의 기구들은 제조회사에서 제조한 완제품을 구입하여 사용한다. 더욱이 사소한 기구일지라도 피팅 세트로 판매하기 때문에 아주 손쉽게 구입하여 사용할 수 있다. 하지만 실험에 사용하는 몇 가지 간단한 유리 기구를 실험실에서 스스로 만들어 사용하면 매우 편리하다. 많은 화학 실험실에서 여러 종류의 실험 장치들을 만들거나 또는 서로 연결하기 위해 유리관을 사용하며, 그 밖의 다른 목적으로도 유리관을 사용하게 되는 경우는 대단히 많다. 보통 다음과 같은 유리 기구들을 스스로 만들어 사용한다.

- 플라스틱 튜브의 연결관
- 고무마개에 연결을 위한 곧은 유리관 또는 구부린 유리관
- 모세관 현상 실험용 모세관
- TLC 반점 찍기용 모세관
- 고체 시료의 녹는점 측정을 위한 한쪽이 막힌 모세관
- 액체를 옮기기 위한 스포이드
- 유리 젓개

따라서 이 실험에서는 유리 세공법의 기본 원리를 습득하고, 유리관이나 유리봉 자르기, 부드럽게 만들기, 구부리기, 모세관 만들기, 모세관 끝 봉하기, 스포이드 만들기 등의 실습을 할 것이다.

2 실험 기구 및 시약

외경 6~8 mm 연질 유리관, 4~6 mm 연질 유리봉, 삼각줄 또는 절단용 다이아몬드 펜, 사포, 버너 또는 알코올 램프, 고무마개, 스포이드 캡, 플라스틱 튜브, 케이블 타

이, 구멍뚫이, 면장갑 또는 면수건

3 실험 과정

실험실에서 사용하는 버너는 크게 세 가지 종류가 있다. 중앙 공급 가스 설비가 되어 있는 실험실에서는 분젠 버너를 사용한다. 각 실험대에 1개의 버너가 설치되어 있어 가스 유출 밸브를 열고 점화를 한 후 공기 유입량을 조절하며 사용한다. 가스 설비가 없는 경우 휴대용 가스 버너용 가스통에 점화기 및 불꽃 조절기를 장착하여 유리 세공용 버너로 사용할 수 있다. 얇은 유리관의 경우 실험실에서 쉽게 사용가능한 알코올 램프를 사용할 수 있지만 두꺼운 유리 세공에는 적합하지 않다. 유리 세공을 할 때 사용하는 버너는 바닥이나 클램프로 고정하여 안전한 상태가 확보된 후 사용하여야 한다.

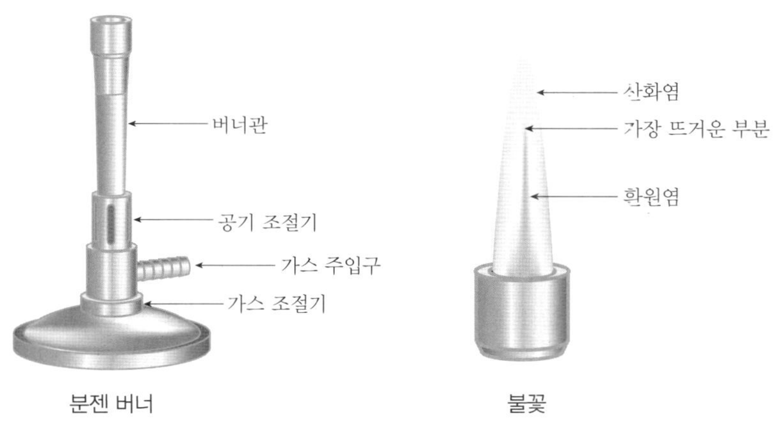

분젠 버너　　　　불꽃

실험 1. 유리관 자르기

1. 실험대 위에 유리관을 놓고 자르고자 하는 부분에 펜으로 표시한 후 한 손으로 유리관을 잡고 다른 손으로 잡은 삼각줄의 모서리로 단번에 홈을 낸다. 절단용 다이아몬드 펜을 사용하면 더 좋은 결과를 얻을 수 있다.
2. 손에 면장갑을 끼고 (또는 면 수건으로 유리관을 감싸고) 유리관의 홈 부분이 바깥쪽으로 가도록 양손 엄지와 검지 손가락으로 유리관을 잡는다. 이때 두 엄지 손가락 사이는 ~1 cm 정도 떨어지게 잡고, 검지 손가락의 첫 번째 마디의 홈에 유리관이 놓이도록 잡는다. 엄지 손가락에 힘을 주고 양손을 안쪽으로 살짝 꺾듯이 당기면서 동시에 좌우로 당긴다(**주의** 좌우로 당기기만 하면 유리관이 잘라지지 않으며, 너무 꺾기만 하면 갑자기 깨져 위험할 수 있다). 젓개 용 유리봉도 유리관과 같은 방법으로 자를 수 있다.

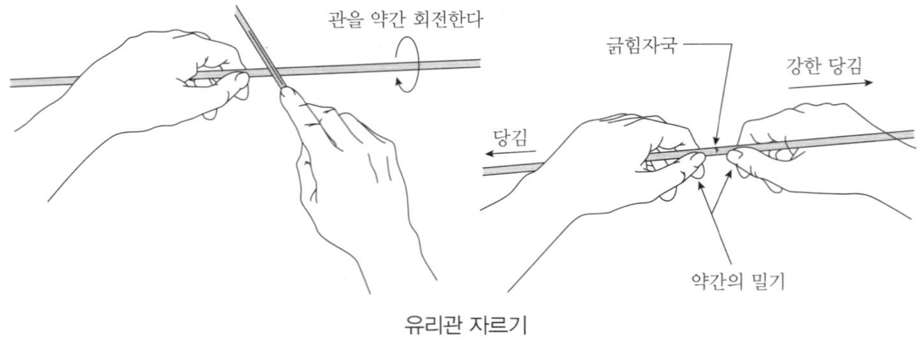

유리관 자르기

실험 2. 잘린 면 부드럽게 만들기

1. 자른 유리관 끝은 칼날처럼 날카롭기 때문에 손을 베일 위험이 있다. 또는 연결하는 고무마개나 플라스틱 튜브가 손상되는 경우가 많다. 따라서 날카로운 부분을 부드럽게 만들어 사용하여야 한다.
2. 면장갑을 착용하고 한 손의 엄지와 검지 손가락으로 유리관의 중간 부분을 살짝 잡고 불꽃의 가장 뜨거운 부분에 부드럽게 하고자 하는 부분을 넣고 다른 손 엄지와 검지 손가락으로 유리관을 천천히 돌려준다. 손이 지나치게 불꽃에 가깝게 있으면 화상의 위험이 있으니 주의하여야 하며, 지나치게 오랫동안 가열하면 유리관의 끝이 휘거나 막힌다.
3. 가끔씩 유리관을 불꽃에서 꺼내어 부드럽게 되었는지 유리관 끝을 검사한다.
4. 유리관을 공기 중에 방치하여 냉각시킨다. 냉각되기 전에 유리관의 가열 부분을 절대로 만지지 말아야 한다.
5. 자른 유리관 끝을 부드럽게 만들기 위해 꼭 불꽃을 사용해야만 하는 것은 아니다. 실험실에서 자른 유리관 끝을 사포(sand paper)에 문질러도 끝을 부드럽게 만들 수 있다.

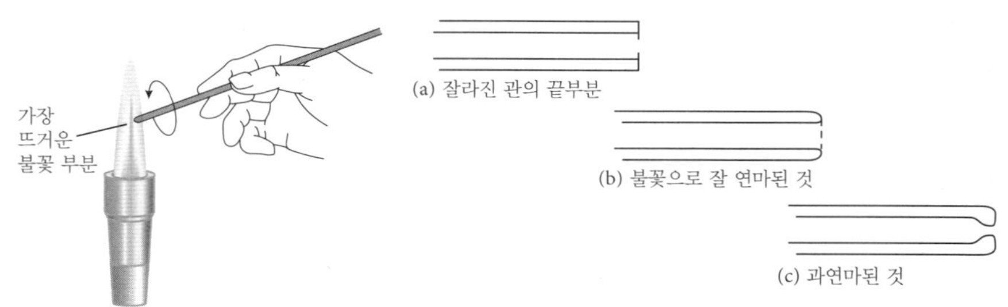

잘린 면 부드럽게 만들기

실험 3. 구부리기

1. 유리관을 구부릴 때는 약간의 기교가 필요하다. 우선 긴 유리관을 사용하여 구부린 후 적절한 크기로 자르는 것이 좋다. 너무 짧은 유리관을 사용하면 화상을 입을 가능성이 있다. 둘째, 넓은 범위를 가열한 후 구부려야 꺾기거나 접히는 것을 막을 수 있다. 분젠 버너의 경우 불꽃 퍼지개(flame spreader)를 사용하여 불꽃이 넓게 퍼지게 한 후 사용하면 되고, 휴대용 버너나 알코올 램프의 경우 유리관을 좌우로 움직이며 넓은 영역을 가열하면 된다. 셋째, 유리관의 한쪽 끝을 한 손의 엄지 손가락으로 막고 다른 끝에 플라스틱 튜브를 연결하고 입으로 살살 불면서 구부려야 곡률이 좋은 모양을 얻을 수 있다.
2. 그림과 같이 구부리고자 하는 부분을 불꽃 속에서 천천히 돌리면서 고르게 가열한다.
3. 충분히 가열되어 유리관이 저절로 휠 정도로 연해지면 불꽃에서 빨리 꺼내어 양손으로 관의 구멍을 막은 뒤 필요한 각도(90°, 135° 등)로 구부린 후 냉각시킨다. 실험대의 모서리와 같이 일정한 곡률을 가진 물체에 대고 구부리면 원하는 각도로 구부리기가 쉽다. 불꽃 속에서 구부릴 때에는 유리관의 지름이 일정하게 구부러지지 않고 찌그러진다.
4. 구부러진 유리관을 원하는 크기로 자른 후 끝을 부드럽게 해 준다.

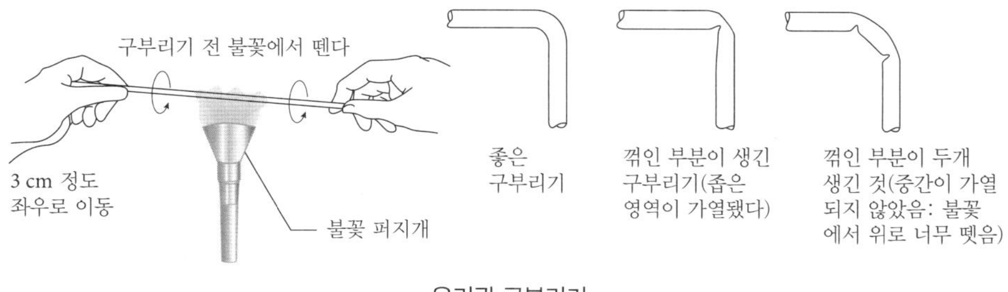

유리관 구부리기

실험 4. 모세관 만들기

1. 유리관을 구부릴 경우와 같이 유리관을 지면과 수평으로 잡고 회전시키면서 넓은 범위를 고르게 가열한다.
2. 충분히 가열하여 연하게 된 유리관을 불꽃에서 꺼내어 두 손으로 빨리 잡아 당겨 필요한 굵기만큼 한 번에 쭉 뽑는다. 이때, 너무 세게 빨리 잡아당기면 모세관이 끊어지며, 너무 약하게 잡아당기면 굵기가 굵어 모세관으로 사용할 수 없다.

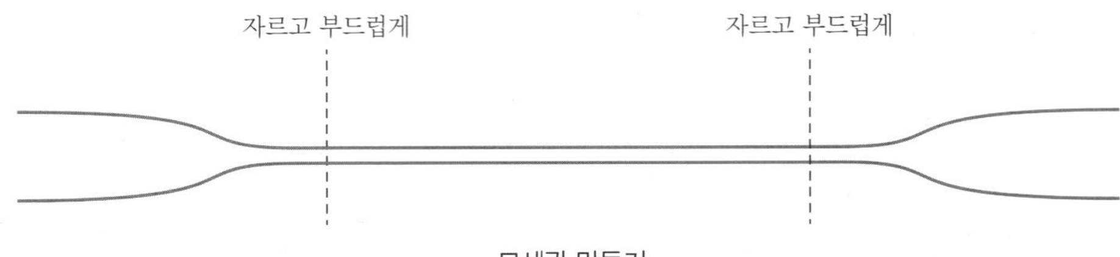

모세관 만들기

3. 모세관이 변형되지 않게 하기 위해서는 한쪽 끝을 잡고 지면과 수직이 되도록 세운 후 연해진 유리가 다시 굳을 때까지 기다려야 한다.
4. 모세관은 깨지기 쉽기 때문에 적절한 길이로 잘라 긴 플라스틱 통에 보관한다. 모세관은 손으로 살짝 꺾기만 하여도 자를 수 있지만 자른 면을 균일하게 하기 위해서는 간단한 기교가 필요하다. 이때는 삼각줄이나 다이아몬드 펜을 사용하지 않고, 사포의 모서리를 사용한다. 자르고자 부분에 3 cm 정도 크기로 자른 사포의 거친 부분이 모세관에 닿을 수 있도록 모서리를 비스듬히 대고 살짝 홈을 낸 후 모세관을 좌우로 약하게 당기면 잘라진다. 모세관의 끝을 불꽃으로 부드럽게 하는 것은 좋지만 자칫 잘못하면 연해져서 구부러지거나 막힌다.
5. 녹는점을 측정하기 위한 모세관은 내경이 ~1 mm 정도이고, 한쪽 끝이 막혀 있다. 이와 같은 관을 만들기 위해서는 모세관의 한쪽 끝부분만 약한 불꽃에 넣고 천천히 돌리면서 가열하여 한쪽 끝이 막히게 하면 된다. 이때 지나치게 강한 불꽃을 사용하면 모세관이 구부러진다. 원하는 크기로 자른 후 보관한다.

실험 5. 스포이드 만들기

1. 모세관을 만들 경우와 같이 유리관을 지면과 수평으로 잡고 회전시키면서 넓은 범위를 고르게 가열한다.
2. 충분히 가열하여 연하게 된 유리관을 불꽃에서 꺼내어 두 손으로 잡아 당겨 필요한 굵기만큼 한 번에 쭉 뽑는다.
3. 유리관이 냉각된 후, 잡아 늘인 유리관에서 적절한 굵기(~1 mm)를 갖는 부분을 자르고, 늘어나지 않은 부분도 적절한 길이만큼 자른다.
4. 자른 양쪽 끝을 버너의 불꽃으로 가열하여 부드럽게 한다. 모세관 부분은 휘거나 막히지 않도록 살짝 가열한다.
5. 스포이드 캡을 끼워 스포이드의 기능을 평가한다. 스포이드 캡은 유리관 부피의 ~$\frac{2}{3}$이하의 것을 사용하는 것이 좋다. 스포이드 캡의 부피가 너무 크면 액체가 캡으로 들어가 오염된다. 물이 담긴 스포이드를 수직으로 들었을 때 물방울이 떨어지지 않으면 적절하게 만든 것이다.

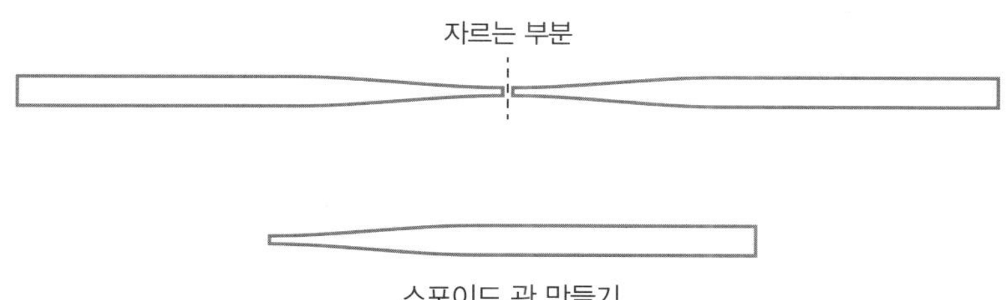

스포이드 관 만들기

실험 6-1. 고무마개에 유리관의 연결

1. 기체와 관련된 실험에서는 삼각 플라스크나 둥근 바닥 플라스크의 입구에 유리관이 달린 고무마개를 끼워 사용하는 경우가 많다.
2. 구멍뚫이를 이용하여 고무마개에 유리관을 끼우기 위한 구멍을 만든다. 이때 구멍뚫이의 굵기는 유리관의 굵기보다 약간 가늘어야 한다.
3. 면장갑을 낀 후 유리관에 윤활제(물, 글리세린, 그리스 등)를 바른 후 고무마개의 구멍에 끼운다. 이 때 무리하게 힘을 주면 손을 다칠 수가 있으니 주의하여야 한다. 특히 구부러진 관은 무리한 힘을 주면 깨질 위험이 있다. 고무마개를 한 손으로 잡고 다른 손으로 유리관을 잡은 후 유리관을 좌우로 살살 움직이며 끼우는 것이 훨씬 수월하다.
4. 일정 시간이 지나면 유리관과 고무마개 사이에 밀착이 강해지므로 고무마개에 끼워진 유리관을 다시 빼려는 시도를 하지 않는 것이 좋다.

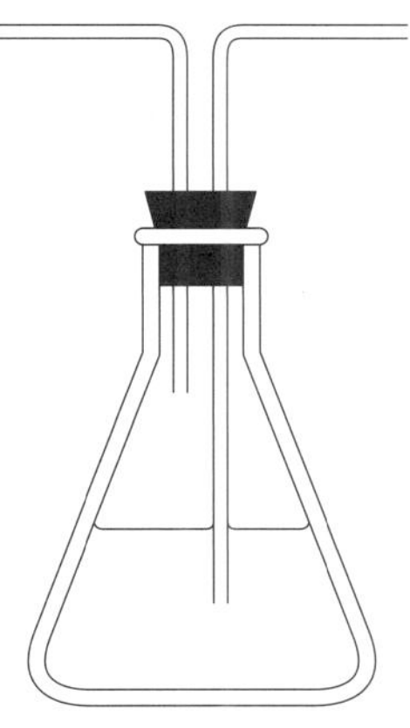

유리관이 끼워진 고무마개

실험 6-2. 플라스틱 튜브에 유리관의 연결

1. 기체와 관련된 실험 또는 냉각수 연결 실험 등에서 유리관을 플라스틱 튜브에 연결하는 경우가 많다.
2. 면장갑을 낀 후 유리관에 윤활제(물, 글리세린, 그리스 등)를 바른 후 플라스틱 튜브에 끼운다. 튜브를 한 손으로 잡고 다른 손으로 유리관을 잡은 후 유리관을 좌우로 살살 움직이며 끼우는 것이 훨씬 수월하다.
3. 케이블 타이를 이용하여 튜브와 유리관 사이의 밀착을 강화시켜 관속을 흐르는 액체가 접속부에서 새지 않도록 한다.
4. 일정 시간이 지나면 유리관과 튜브 사이에 밀착이 강해지므로 튜브에 끼워진 유리관을 다시 뺄 때는 칼로 튜브 부분을 자른 후 제거하는 것이 좋다. 이 때 무리하게 힘을 주면 손을 다칠 수가 있으니 주의하여야 한다.

유리관이 끼워진 플라스틱 튜브

유의 사항

1. 버너 사용법에 대한 충분한 교육을 받은 후 실험을 수행하도록 한다. 더욱이 버너 주변에 인화 물질을 두지 말아야 한다.
2. 날카로운 유리 부분이나 가열된 유리관에 주의하여라.

유리 세공

소속대학 ______________ 실험일자 ______________

학과(학부) ______________ 제출일자 ______________

학　　번 ______________ 담당교수 ______________

성　　명 ______________ 확　　인 ______________

1. 실험에서 얻은 유리 기구의 사진

굽은 유리관	모세관	스포이드	고무마개에 끼운 유리관

2. 유리 세공 과정에서 습득한 기법

유리관 자르기	유리관 구부리기	모세관 만들기	유리관 끼우기

절취선

3. 생각해보기

※ 굵은 유리관을 자르는 실험 방법을 제안해 보아라.

※ 유리의 취입 성형, 인발 성형, 압출 성형에 대하여 기술하여라.

실험 2

Laboratory Experiments for General Chemistry

실험 기구의 검정

1 실험 배경

많은 화학 실험은 용액 중에서 반응을 시키기 때문에 화학 실험실에서 가장 많이 사용하는 물리량 중의 하나가 부피이다. 눈금 실린더(graduated cylinder), 피펫(pipette), 주사기(syringe), 뷰렛(buret), 부피 플라스크(volumetric flask) 등이 화학 실험실에서 흔히 사용하는 부피와 관련된 실험 기구이다. 눈금에 의해 읽혀진 부피와 관련하여 이 기구들은 크게 두 가지 종류로 나눌 수 있다. 즉, 용기가 포함하고 있는 액체의 부피를 지칭하는 경우(TC, to contain)와 옮긴 액체의 부피를 지칭하는 경우(TD, to deliver)이다. 눈금 실린더, 피펫, 주사기, 뷰렛 등은 일정량의 액체를 옮기거나 주입하는데 사용되며, 부피 플라스크는 정해진 몰농도(M)의 용액을 제조하는데 사용된다.

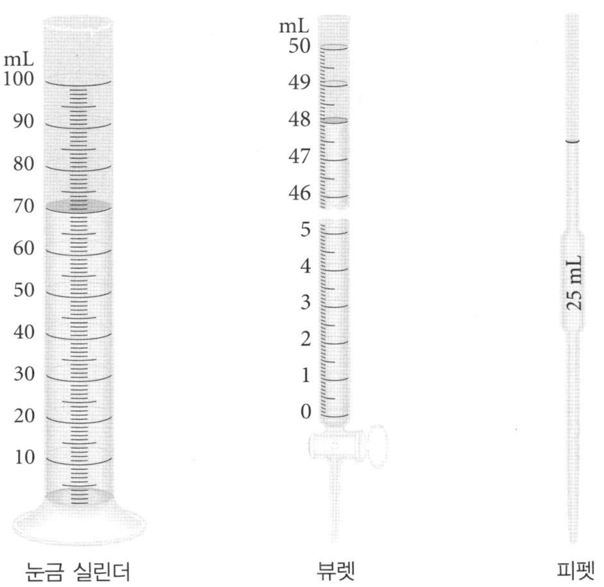

1. 눈금 실린더

일반적으로 용액의 부피는 눈금 실린더로 측정한다. 원통형의 유리로 되어 있는 눈금 실린더의 바깥 표면은 일정한 간격으로 눈금이 새겨져 있으며, 액체 시료를 실린더 속에 부은 후 액체 표면의 위치를 관찰하여 부피를 측정한다. 액체와 유리 표면 사이의 상호작용으로 인하여 실린더 속의 액체는 메니스커스(meniscus)를 형성한다. 물은 부착력이 강하기 때문에 위로 오목한 메니스커스를 형성하지만, 수은은 응집력이 강하기 때문에 아래로 오목한 메니스커스를 형성한다. 따라서 물의 경우 메니스커스의 가장 낮은 부분을 읽어야 하며, 수은의 경우 메니스커스의 가장 높은 부분을 읽어야 한다.

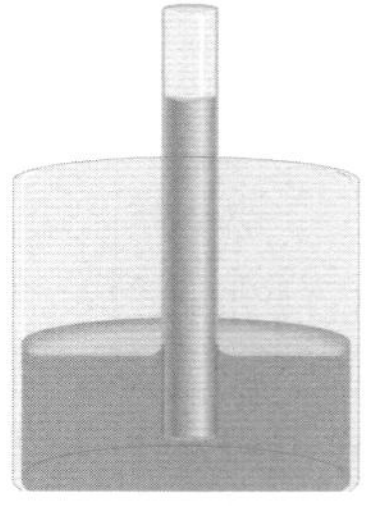

물의 메니스커스

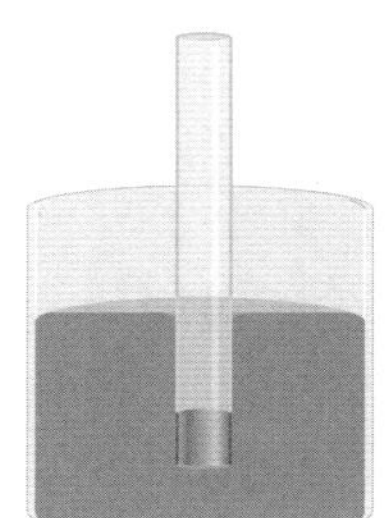
수은의 메니스커스

2. 뷰렛

일반적으로 미지의 시료를 적정할 때 뷰렛을 사용한다. 주입된 일정한 양의 액체의 부피를 측정하기 편리하도록 위에서부터 눈금이 새겨져 있다. 따라서 적정 전과 후에 측정된 각 눈금의 차이로 적가된 부피를 알 수 있다.

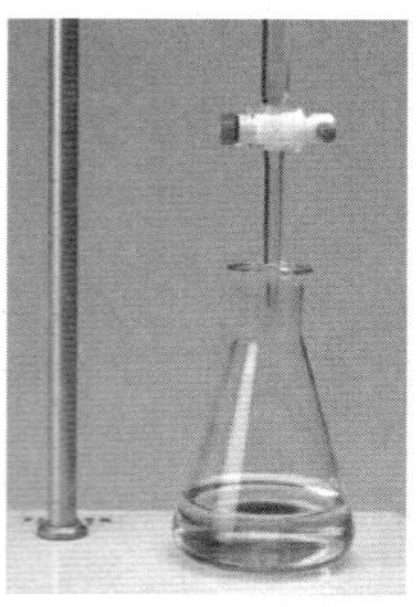
뷰렛을 이용한 적정

뷰렛에 액체를 채울 때에는 입구가 좁기 때문에 반드시 깔때기를 사용하여야 하며, 적정 전후의 부피 차이만을 알면 되기 때문에 처음부터 특정한 눈금에 메니스커스를 맞추려고 노력할 필요는 없다. 뷰렛을 사용하기 전에 밸브에 적당량의 그리스를 칠해 밀봉을 충분히 하여 틈새로 액체가 새어나오지 않도록 해야 한다. 사용 중에 밸브가 빠지지 않도록 손으로 감아쥐고 손가락의 끝부분으로 콕의 끝부분을 조금씩 돌려 용액이 점적되도록 한다.

뷰렛을 사용할 때 흔히 발생하는 실수는 밸브와 배출구 사이의 공기를 제거하지 않아 실험의 오차를 가져오는 것이다. 처음 밸브를 닫고 공기 방울이 유입되지 않도록 용액을 채운 후 밸브를 열어 밑부분에 있는 공기를 완전히 제거하고 용액으로 채워야한다. 적정 과정에서 종말점이 결정될 때 마지막 한 방울의 부피는 매우 큰 의미를 갖는다(50 mL 뷰렛에서 한 방울의 부피는 약 0.05 mL이다). 따라서 마지막 한 방울의 부피를 최소화할 수 있는 기교를 익혀 적정의 오차를 줄이는 노력을 해야 한다.

3. 피펫

피펫은 일정한 양의 액체를 정확히 취하여 다른 용기로 액체를 옮기는 데 사용된다. 옮김 피펫(transfer pipette)은 정해진 부피를 옮길 수 있도록 특정 위치에 한 개의 눈금이 새겨져 있다. 눈금 피펫(measuring pipette)은 뷰렛과 같이 눈금이 새겨져 있어서 원하는 부피의 액체를 취할 수 있다.

액체를 취할 때에는 충분한 양의 액체가 담겨진 비커의 바닥 부근까지 피펫의 끝을 넣은 후 피펫 충전기를 피펫의 끝에 가볍게 대고 눈금의 위까지 액체가 올라오도록 한다. 피펫 충전기를 조절하여 액체가 조금씩 흘러나오게 한 후, 원하는 눈금에 액체의 메니스커스를 맞춘 후 반응 용기로 옮겨서 원하는 양의 시약을 취한다. 옮김이 끝날 때까지 피펫은 거의 수직으로 세워져 있어야 한다. 피펫으로부터 액체의 마지막 방울은 뽑아 내지 않는다. 피펫에 액체를 넣은 채 실험실을 돌아다녀서는 안 된다. 또한 피펫을 거꾸로 들어서도 안 된다. 피펫의 사용이 끝나면 증류수로 헹구어 씻어 내거나 깨끗해질 때까지 증류수에 담가 두어야 한다. 피펫 벽에 달라붙은 물질은 제거하기가 매우 어렵기 때문에, 피펫 속의 용액이 건조되지 않도록 해야 한다.

4. 부피 측정

유리 기구 속의 액체 높이를 읽을 때에는 눈높이를 액체의 맨 위쪽과 같은 높이가 되도록 맞추어야 한다. 대부분의 측정 기구들이 그러하듯이 메니스커스의 위치가 특정한 눈금에 일치하지 않을 경우에는 내연장법(interpolation)에 의해 두 눈금 사이를 가상으로 10등분하여 메니스커스의 위치를 결정하여야 한다. 메니스커스의 정확한 위치를 측정하기 위해서는 흰색 종이에 일부분 검은색을 칠해 배경으로 사용하면 도움이 된다. 흰색과 검은색의 경계를 메니스커스와 일치시키면 메니스커스의 높이를 보다 쉽게 읽을 수 있다.

화학 실험실에서 사용하는 대부분의 유리 기구는 온도에 따라 부피가 변한다. 유리 기구 제조회사에서는 특정 온도에서의 부피만을 기구에 표시한다. 따라서 높은 정확도의 실험 결과를 얻고자 할 때, 유리 기구는 표준 물리량에 의해 검정되어야 한다. 일반적으로 화학 실험실에서 유리 기구를 검정하기 위하여 증류수의 밀도를 이용한다. 용기에 채워진 증류수의 부피와 질량을 측정하여 검정한다. 기구에 들어 있거나 옮겨진 증류수의 질량을 측정한 다음, 이의 밀도를 이용하여 질량을 부피로 환산함으로써 검정할 수 있다.

2 실험 기구 및 시약

100 mL 눈금 실린더 1개, 전자 저울, 온도계 1개, 증류수, 미지의 액체

3 실험 과정

실험 1. 눈금 실린더의 검정

1. 건조된 100 mL 눈금 실린더의 질량을 측정한다.
2. 눈금 실린더에 증류수 약 20 mL를 넣은 후 부피를 정확히 측정한다. 증류수를 포함하고 있는 실린더의 질량을 측정한다.
3. 실험실의 온도를 측정하여 기록한다.
4. 약 20 mL 씩 증류수를 추가로 첨가하면서 실험을 반복한다.
5. 측정한 증류수의 질량과 부피 및 측정 온도에서의 증류수의 밀도로부터 실제 부피를 계산한다(증류수의 밀도는 부록의 표를 이용하여 내연장법으로 구한다).
6. 눈금 실린더 부피의 측정값과 참값 사이의 부피 검정 곡선 및 부피 검정식을 얻는다.

실험 2. 미지 액체의 밀도 측정

1. 실험 1에서 사용한 건조된 100 mL 눈금 실린더의 질량을 측정한다.
2. 눈금 실린더에 미지 액체 약 20 mL를 넣은 후 부피를 정확히 측정한다. 액체를 포함하고 있는 실린더의 질량을 측정한다.
3. 실험실의 온도를 측정하여 기록한다.
4. 약 20 mL 씩 미지 액체를 추가로 첨가하면서 실험을 반복한다.
5. 측정한 미지 액체의 부피를 부피 검정식에 대입하여 실제 부피를 얻은 후, 측정된 질량으로부터 미지의 액체의 밀도를 계산한다.

4 실험 결과 처리

1. 물의 부피 계산

측정된 증류수의 질량(m)을 그 온도에서의 증류수의 밀도로 나누면 검정된 증류수의 부피(V_{cal})가 얻어진다. 예를 들어 20°C에서 증류수의 질량이 19.981 g으로 얻어졌다면 밀도 0.99821 g/mL로부터 부피(V_{cal})는 다음과 같이 얻어진다.

$$V_{cal} = \frac{19.981\ \text{g}}{0.99821\ \text{g/ml}} = 20.017\ \text{mL}$$

2. 눈금 실린더의 부피 검정식

눈금 실린더에 의해 관찰된 부피(V_{obs})를 x-좌표로 하고, 검정된 부피(V_{cal})를 y-좌표로 하여 x, y 직교 좌표 위에 각 점을 도시한다. 각 점을 가장 근접하게 지나는 직선의 방정식을 공학용 계산기 또는 도시 프로그램을 이용하여 최소 제곱법(least squares method)으로 구한다. 최소 제곱법을 사용할 수 없다면, 두 번의 실험 결과로부터 직선의 식을 얻을 수 있다. 이때 기울기가 a, y-절편이 b라면 부피 검정식은 다음과 같다.

$$V_{cal} = aV_{obs} + b$$

3. 미지의 액체의 밀도

눈금 실린더에 의해 관찰된 부피(V_{obs})를 위의 부피 검정식에 대입하여 계산하면 검정된 부피(V_{cal})가 얻어진다. 측정된 질량(m)을 검정된 부피(V_{cal})로 나누면 미지 액체의 밀도(d)가 얻어진다.

$$d = \frac{m}{V_{cal}}\ (\text{g/mL})$$

실험 기구의 검정

소속대학		실험일자	
학과(학부)		제출일자	
학번		담당교수	
성명		확인	

1. 눈금 실린더의 검정

	실험 1	실험 2	실험 3	실험 4	실험 5
빈 실린더의 질량 (g)					
실린더 + 물의 질량 (g)					
물만의 질량 (g)					
관찰된 물의 부피(V_{obs}) (mL)					
실험 온도 (℃)					
물의 밀도(문헌값) (g/mL)					
물의 검정된 부피(V_{obs}) (mL)					

2. 눈금 실린더의 부피 검정식

$$V_{cal} = (\qquad)V_{obs} + (\qquad)$$

절취선

3. 미지 액체의 밀도 측정

	실험 1	실험 2	실험 3	실험 4	실험 5
빈 실린더의 질량 (g)					
실린더 1 액체의 질량 (g)					
액체만의 질량 (g)					
액체의 관찰된 부피(V_{obs}) (mL)					
액체의 검정된 부피(V_{cal}) (mL)					
실험온도 (°C)					
액체의 밀도 (g/mL)					
액체의 평균 밀도 (g/mL)					

4. 생각해보기

※ 물은 온도에 따라 밀도가 변하는데 4°C일 때의 밀도가 가장 크다. 그 이유는 무엇인가? 얼음의 밀도가 물보다 작은 이유를 설명해 보아라.

용액의 제조 및 표준화

1 실험 배경

1. 부피 플라스크

부피 플라스크(volumetric flask)는 일정한 양의 액체를 정확히 취할 수 있도록 눈금이 새겨진 플라스크로 흔히 일정한 농도의 용액을 만들 때 사용된다. 부피 플라스크는 플라스크의 목에 표시된 선(표선)의 중심과 메니스커스의 밑부분이 일치할 때, 특정 부피의 용액이 담기도록 눈금이 새겨져 있다. 대부분의 플라스크는 "TC 20°C"라고 표시되어 있는데, 이것은 20°C에서 표시된 부피가 담겨지도록 눈금이 새겨져 있다는 것을 의미한다.

부피 플라스크

2. 표준 용액

특정한 농도의 용액을 제조하기 위하여 우선 용질의 양을 정확히 측정하여 소량의 용매에 녹인 후 플라스크에 넣고 용매를 표선까지 채운다. 메니스커스를 정확히 맞추기 위하여 스포이드 등을 사용하는 것이 좋다. 마개를 막고 잘 흔들어서 균일한 용액이 되도록 섞는다. 플라스크는 일정한 온도에서 사용하도록 되어 있으므로 용질을 녹이기 위하여 플라스크를 가열하여서는 안 된다.

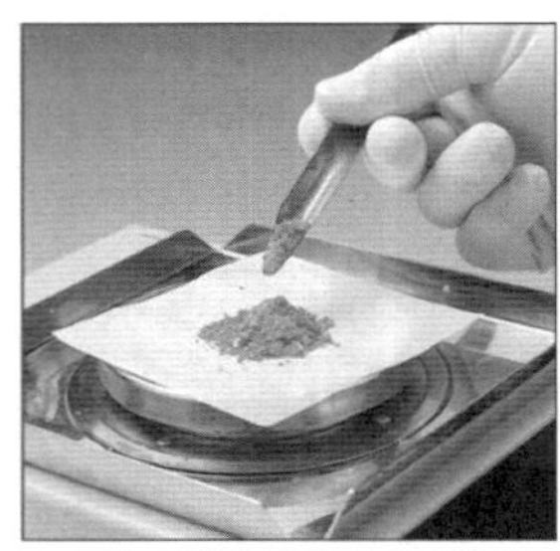

용액의 제조 과정

부피 플라스크를 사용하여 제조된 용액은 표준 용액(standard solution)을 사용한 검정과정을 거쳐 표준화(standardization)한다. 표준 용액은 정량 분석의 기준 용액으로 사용되는 것으로서 시료를 분석하기에 앞서 반드시 그 농도가 정확히 알려져 있어야 한다. 그렇게 하기 위해서 해당하는 순수한 물질을 정확히 질량을 측정하여 일정 부피의 용액으로 제조한다. 일반적으로 정확한 질량 측정이 가능한 순수한 물질을 찾아 정확한 농도의 용액을 만들고, 이것을 대략적인 농도로 조제해 놓은 표준 용액으로 적정하여 그 적정량으로부터 표준 용액의 농도를 정확하게 계산하는 방법을 사용한다. 이와 같이 표준 용액의 실제 농도를 결정하는 과정을 표준화라고 하며, 표준화에 사용되는 순수하고 일정한 조성을 갖고 있는 물질을 표준 물질(standard material)이라고 한다. 표준 물질에는 1차 표준 물질(primary standard material)과 2차 표준 물질(secondary standard material)이 있으며 1차 표준 물질은 다음과 같은 조건을 가지고 있어야 한다.

1. 순수해야 한다.
2. 흡수, 풍화, 공기 산화 등의 특성이 없고, 장기 보관에 따른 변질이 없어야 한다.
3. 정량적인 화학 반응이 진행되어야 한다.
4. 가능한 한 1몰의 질량이 커서 질량 측정의 오차를 최소화할 수 있어야 한다.

이때 사용하는 물질이 1차 표준 물질이다. 1차 표준 물질에는 프탈산 수소 포타슘, 아이오딘산 수소 포타슘, 염산, 술포살리실산염, 설파민산, 트리스(하이드록시메틸)아미노산메테인, 산화 수은과 같은 것들이 있다.

NaOH는 산-염기 적정에 가장 많이 사용되는 물질 중의 하나이다. 특정한 농도의 NaOH 용액을 제조하고자 할 때, NaOH의 조해성 때문에 질량을 정확하게 측정하기 어려워서 NaOH 용액의 농도는 정확하지 않다. 이때 NaOH 수용액의 농도를 정확하게 알기 위하여 1차 표준 물질인 프탈산 수소 포타슘으로 표준화한다.

2 실험 기구 및 시약

100 mL 부피 플라스크 1개, 100 mL 삼각 플라스크 3개, 50 mL 뷰렛 1개, 100 mL 눈금 실린더 1개, 자석 젓개, 자석 교반기, 전자 저울, 칭량지, 약수저, 깔때기, 오븐, NaOH, 프탈산 수소 포타슘, 페놀프탈레인 지시약, 온도계 1개, 증류수

- 페놀프탈레인 지시약: 에탄올 50 mL에 0.1 g의 페놀프탈레인을 녹인 후 증류수 50 mL로 묽힌다.

3 실험 과정

실험 1. 0.1 M NaOH의 제조

1. 100 mL 부피 플라스크에 증류수 ~30 mL를 넣고, 0.4 g의 NaOH를 넣어 녹인다. 이때 열이 발생하므로 냉각시켜주어야 한다. 잘 흔들어 주면서 증류수를 표선까지 채운다. 마개를 막고 거꾸로 잡고 잘 흔든 후 실온에 방치하여 용액의 온도가 실온과 평형이 되도록 한다.

실험 2. 0.1 M NaOH의 표준화

1. 건조된 50 mL 뷰렛에 실험 1에서 제조한 0.1 M NaOH 수용액을 채운다.
2. 110°C 오븐에서 1시간 동안 말려서 건조 용기에 보관된 1차 표준 물질급의 프탈산 수소 포타슘 0.2 g을 정확히 측정하여 100 mL 삼각 플라스크에 넣고 증류수 25 mL를 넣어 완전히 녹인다.
3. 페놀프탈레인 지시약 2~3방울을 첨가하고 종말점에 도달할 때까지 0.1 M NaOH 용액을 프탈산 수소 포타슘 용액에 방울방울 떨어뜨리면서 적정한다. 플라스크를 잘 흔들어준다(또는 자석 젓개로 잘 저어준다). 이때 0.1 M NaOH 용액이 산성 용액에 들어갈 때는 흐릿한 분홍색이 나타났다가 빠르게 사라진다. 30초 이상 분홍색이 남아 있으면 반응은 완결된 것으로 간주한다.
4. 종말점에 도달하면 뷰렛의 눈금을 0.01 mL 단위까지 읽고 기록해 둔다.
5. 반복하여 적정을 2회 더 실시한 후 NaOH 용액의 평균 몰농도를 계산하여, 처음에 제조한 농도와 비교한다.

참고

첫 번째 적정을 할 때는 미지의 농도를 알지 못하므로 표준 용액을 방울방울 떨어뜨

려 종말점을 신중하게 찾아야 하지만, 두 번째 적정을 수행할 때는 종말점 근처까지 표준 용액을 빠르게 주입하고 종말점 근처에서만 방울방울 떨어뜨려 종말점을 신중하게 찾으면 시간을 절약할 수 있다.

실험 3. 뷰렛의 한 방울의 부피 측정

1. 50 mL 뷰렛에서 1 mL의 부피가 흘러나올 때의 방울수를 세어 한 방울의 용액에 대한 부피를 계산한다.

4 자료

1. NaOH의 화학식량: 40.0 g/mol
2. 프탈산 수소 포타슘의 화학식량: 204.22 g/mol

5 실험 결과 처리

0.400 g의 NaOH를 100 mL의 부피 플라스크에 녹여 만든 용액의 예상되는 몰농도 (M_1)는 0.100 M이다.

$$M_1 = \frac{\frac{0.400\ \text{g}}{40.0\ \text{g/mol}}}{0.100\ \text{L}} = 0.100\ \text{M}$$

0.200 g의 프탈산 수소 포타슘을 적정하기 위하여 제조한 NaOH 수용액 10.20 mL가 소모되었다면 NaOH 수용액의 실제 몰농도(M_2)는 다음과 같다.

$$\frac{0.200\ \text{g}}{204.22\ \text{g/mol}} = M_2 \times \frac{10.20\ \text{mL}}{1000\ \text{mL/L}}$$

$$M_2 = 0.0960\ \text{M}$$

용액의 제조 및 표준화

소속대학 ______________ 실험일자 ______________

학과(학부) ______________ 제출일자 ______________

학 번 ______________ 담당교수 ______________

성 명 ______________ 확 인 ______________

절취선

1. 0.1 M NaOH의 표준화

	실험 1	실험 2	실험 3
프탈산 수소 포타슘의 질량 (g)			
가한 증류수의 양 (mL)			
첨가된 NaOH 용액의 부피 (mL)			
NaOH 용액의 농도 (M)			
NaOH 용액의 평균 농도 (M)			

2. 뷰렛의 한 방울의 부피 측정

	실험 1	실험 2	실험 3
1 mL의 방울수			
한 방울의 부피 (mL)			
한 방울의 평균 부피 (mL)			

3. 생각해보기

※ NaOH의 조해성이란 무엇인가? NaOH 용액을 공기 중에 방치하면 이산화 탄소(CO_2)가 용액에 녹아 들어간다. 이로 인한 용액의 몰농도 변화를 설명하여라.

산-염기 적정

1 실험 배경

적정(titration)이란 농도를 정확하게 알고 있는 표준 용액(standard solution)을 미지의 용액에 서서히 첨가하여 두 용액 간의 반응이 완전히 이루어졌을 때, 미지 용액의 농도를 구하는 실험이다. 적정에 사용한 미지의 용액과 표준 용액의 부피를 알면 표준 용액의 농도로부터 미지 용액의 농도를 계산할 수 있다.

수산화 소듐(NaOH)은 실험실에서 일반적으로 사용하는 염기 중의 하나이다. 그러나 이것은 공기로부터 물을 흡수하고, 이산화 탄소와 반응하므로 순수한 NaOH 고체를 얻기는 매우 어렵다. 실험에 사용하기 전에 수산화 소듐 용액은 표준화하여야 한다. 수산화 소듐 용액은 정확한 농도를 알고 있는 표준 산용액으로 적정함으로써 표준화할 수 있다. 이 실험에 흔히 사용하는 산은 프탈산 수소 포타슘(potassium hydrogen phthalate, KHP)이라는 일양성자산이다. 분자식은 $KHC_8H_4O_4$이고 흰색을 띠며, 고순도의 형태로 구할 수 있는 가용성 고체이다. KHP와 수산화 소듐의 중화 반응은 다음과 같다.

$$KHC_8H_4O_4(aq) + NaOH(aq) \longrightarrow KNaC_8H_4O_4(aq) + H_2O(l)$$

이 반응에 대한 알짜 이온 반응식은 다음과 같다.

$$HC_8H_4O_4^-(aq) + OH^-(aq) \longrightarrow C_8H_4O_4^{2-}(aq) + H_2O(l)$$

먼저 일정량의 KHP를 삼각 플라스크에 넣고 증류수를 넣어 용액을 만든 다음, 당량점(equivalent point)에 도달할 때까지 NaOH 수용액을 뷰렛을 통해 KHP 용액에 조심스럽게 떨어뜨린다. 당량점(equivalence point)이란 산이 염기에 의해 완전히 반응되는 점, 즉 염기에 의해 중화되는 이론적인 점을 말한다. 당량점은 흔히 지시약을 플라스크에 조금 넣고 실험하면 알 수 있는데, 지시약의 반응이 색깔 변화로서 나타난다. 지시약에 의하여 색이 변하는 지점을 적정의 종말점(end point)이라 부른다. 지시약들은 종말점 전과 후에 확연히 구별되는 색깔 변화를 보여준다. 가장 보편적으로 사용하는 지시약이 페놀프탈레인이며, 이 지시약은 산성과 중성 용액에서는 무색이나 염기성 용액에서는 분홍색을 나타낸다. 당량점에서 모든 KHP가 NaOH의 첨가에 의해 중화될 때까지 그 용액의 색은 무색이지만, 중화점 후에 첨가되는 NaOH에 의하여 용액은 분홍색으로 변한다. 종말점은 당량점과 매우 유사하며, 사용된 적정 시약의 부피는 뷰렛으로 측정할 수 있다.

우리는 산과 염기가 당량비로 반응하여 중화된다는 것을 알고 있다. 이러한 중화 반응을 이용하여 농도를 알고 있는 산 또는 염기로부터 농도를 모르는 염기 또는 산의 농도를 구하는 것을 중화 적정이라고 부른다. 또한 중화 적정에서의 당량점은 반응한 수소 이온과 수산화 이온의 양이 같아지는 점을 의미하며, 강산(HCl)과 강염기(NaOH)의 산-염기 중화 적정에서 화학 반응은 다음과 같다.

$$[H^+(aq) + Cl^-(aq)] + [Na^+(aq) + OH^-(aq)] \longrightarrow [Na^+(aq) + Cl^-(aq)] + H_2O(l)$$

알짜 이온 반응식에서 Na^+과 Cl^-은 구경꾼 이온이므로 제외되며 알짜 이온 반응식은 다음과 같다.

$$H^+(aq) + OH^-(aq) \longrightarrow H_2O(l)$$

만약 농도를 모르는 용액의 몰농도(molarity, M)를 계산하려면, 적정하기 전에 시료 용액의 초기 부피를 측정하는 것이 필요하다. 몰농도는 용액 내에 있는 성분의 몰수를 이 용액의 부피로 나눔으로써 계산할 수 있다. 당량점에서 강산과 강염기가 완전히 중화될 때 H^+의 몰수는 OH^-의 몰수와 같다.

$$H^+\text{의 몰수} = nMV$$
$$OH^-\text{의 몰수} = n'M'V'$$

이때 n은 산 또는 염기의 가수, M은 몰농도, V는 용액의 부피이다. 따라서 당량점에서 산-염기의 몰수는 같으므로 $nMV = n'M'V'$의 식으로 쓸 수 있다.

약산을 강염기로 적정할 때, 당량점에서 약산의 염이 가수분해하여 pH는 7보다 커지게 된다. 다음 그림은 0.10 M CH_3COOH 용액을 0.10 M NaOH 용액으로 적정할 때의 pH 변화를 나타낸 것이다.

2 실험 기구 및 시약

50 mL 뷰렛 2개, 스탠드, 클램프, 500 mL 부피 플라스크 2개, 100 mL 삼각 플라스크 3개, 증류수, 전자 저울, 자석 젓개, 자석 교반기, 칭량지, 약수저, 깔때기, 0.200 M 염산(HCl) 용액, 수산화 소듐(NaOH), 식초, 페놀프탈레인 지시약

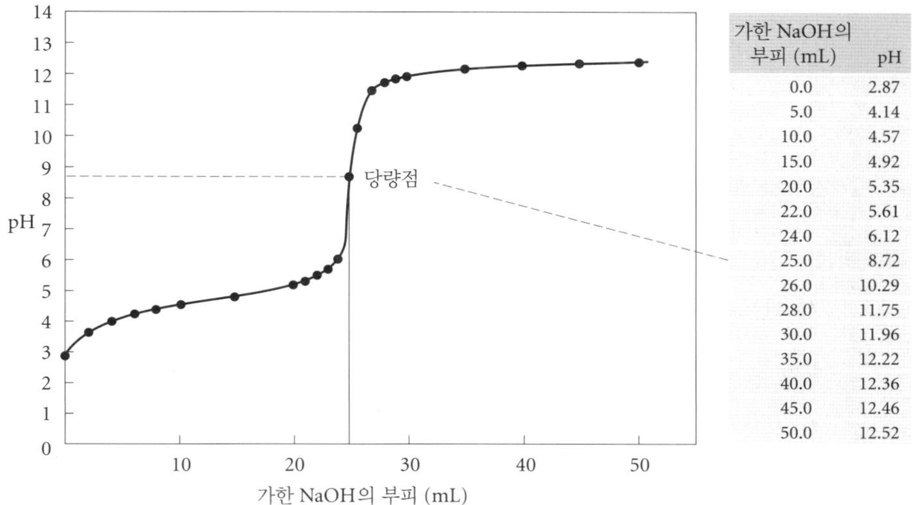

가한 NaOH의 부피 (mL)	pH
0.0	2.87
5.0	4.14
10.0	4.57
15.0	4.92
20.0	5.35
22.0	5.61
24.0	6.12
25.0	8.72
26.0	10.29
28.0	11.75
30.0	11.96
35.0	12.22
40.0	12.36
45.0	12.46
50.0	12.52

0.10 M CH_3COOH 용액에 가해진 0.10 M NaOH 용액의 부피에 따른 pH 변화

- 0.200 M HCl 용액: 100 mL 부피 플라스크에 1.67 mL의 37% HCl을 넣고 표선까지 증류수를 채운다. 표준 시약급 탄산 소듐으로 표준화한다.
- 페놀프탈레인 지시약: 에탄올 50 mL에 0.1 g의 페놀프탈레인을 녹인 후 증류수 50 mL로 묽힌다.

3 실험 과정

실험 1. 0.2 M NaOH 용액의 제조

1. 500 mL의 부피 플라스크에 4.00 g의 NaOH를 저울에 재어 넣는다. NaOH는 공기 중에서 빠른 속도로 물과 이산화 탄소를 흡수하므로 가능한 한 빨리 질량을 재야 한다.
2. 이에 200 mL 정도의 증류수를 가하여 완전히 녹인 후 용액이 실온으로 식으면 플라스크에 증류수를 가하여 500 mL 표선에 맞게 채운다. 플라스크의 마개를 닫은 후 조심스럽게 흔들어 섞는다.

실험 2. NaOH 용액의 표준화

1. 깨끗이 씻어 건조된 뷰렛에 실험 1에서 제조한 NaOH 용액을 채운다.
2. 깨끗이 씻어 건조된 또 다른 뷰렛에 미리 표준화된 0.200 M HCl 표준 용액을 채운다.
3. 각각의 뷰렛의 처음 눈금을 0.01 mL 단위까지 기록한다.
4. 100 mL 삼각 플라스크에 정확히 15.00 mL의 0.200 M 염산 표준 용액을 뷰렛으로부터 취한 후에 페놀프탈레인 지시약 2~3 방울을 첨가하고 약 15 mL의 증류

수로 플라스크 벽을 씻어 내린다. 첨가하는 증류수의 양은 실험 결과에 영향을 미치지 않는다.

5. 종말점에 도달할 때까지 0.2 M NaOH 용액을 염산 용액에 방울방울 떨어뜨리면서 적정한다. 플라스크를 잘 흔들어준다(또는 자석 젓개로 잘 저어준다). 이때 염기 용액이 산 용액에 들어가면 흐릿한 분홍색이 나타났다가 빠르게 사라진다. 30초 이상 분홍색이 남아 있으면 반응은 완결된 것으로 간주한다.
6. 종말점에 도달하면 뷰렛의 눈금을 0.01 mL 단위까지 읽고 기록해 둔다.
7. 반복하여 적정을 2회 더 실시한 후 NaOH 용액의 평균 몰농도를 계산한다.

실험 3. 식초 중의 아세트산의 농도 결정

1. 100 mL 삼각 플라스크에 정확히 1.00 mL의 식초를 취하여 넣은 후에 약 15 mL의 증류수로 플라스크 벽을 씻어 내린다.
2. 페놀프탈레인 지시약 2~3 방울을 첨가하고, 종말점에 도달할 때까지 표준화된 0.2 M NaOH 용액을 아세트산 용액에 방울방울 떨어뜨리면서 적정한다. 플라스크를 잘 흔들어준다(또는 자석 젓개로 잘 저어준다).
3. 종말점에 도달하면 뷰렛의 눈금을 0.01 mL 단위까지 읽고 기록해 둔다.
4. 반복하여 적정을 2회 더 실시한 후 식초 중의 아세트산 용액의 평균 몰농도를 계산한다.

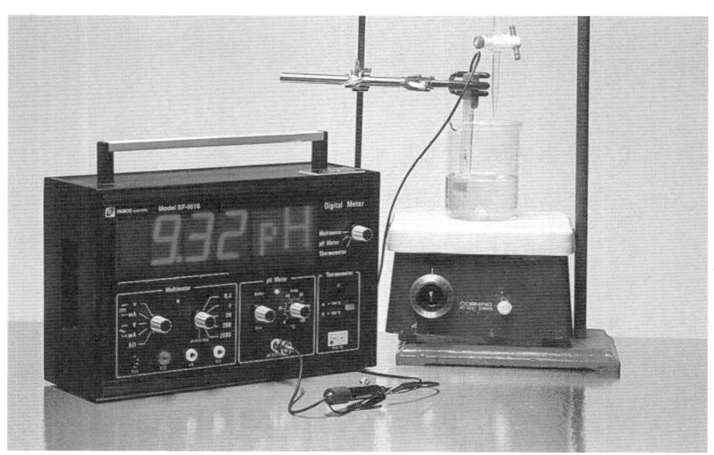

pH meter를 사용한 산-염기 적정

4 자료

1. NaOH의 화학식량: 40.0 g/mol
2. HCl의 화학식량: 36.5 g/mol
3. CH_3COOH: 화학식량 60.05 g/mol, 밀도 1.049 g/mL

5 실험 결과 처리

1. NaOH 용액의 농도 결정

15.00 mL의 표준화된 0.198 M 염산 용액을 적정하기 위하여 첨가된 NaOH 용액의 평균 부피가 15.44 mL이었다면 사용한 NaOH의 농도는 0.192 M이다.

$$nMV = n'M'V'$$

$$1 \times 0.198 \text{ M} \times 15.00 \text{ mL} = 1 \times M' \times 15.44 \text{ mL}$$

$$M' = 0.192 \text{ M}$$

2. 식초 중의 아세트산의 농도 결정

1.00 mL의 식초를 적정하기 위하여 사용된 표준화된 0.192 M NaOH 용액의 평균 부피가 12.33 mL이었다면 식초 중의 아세트산의 농도는 2.37 M이다.

$$1 \times M' \times 1.00 \text{ mL} = 1 \times 0.192 \text{ M} \times 12.33 \text{ mL}$$

$$M' = 2.37 \text{ M}$$

용액의 제조 및 표준화

소속대학 ______________ 실험일자 ______________

학과(학부) ______________ 제출일자 ______________

학 번 ______________ 담당교수 ______________

성 명 ______________ 확 인 ______________

1. NaOH 용액의 표준화

	실험 1	실험 2	실험 3
HCl의 부피 (mL)			
HCl의 몰농도 (M)			
적정에 사용된 NaOH의 부피 (mL)			
NaOH의 몰농도 (M)			
NaOH의 평균 몰농도 (M)			

계산식

절취선

2. 식초 중의 아세트산(HOAc)의 농도 결정

	실험 1	실험 2	실험 3
식초의 부피 (mL)			
적정에 사용된 NaOH의 부피 (mL)			
NaOH의 몰농도 (M)			
식초 중의 HOAc의 몰농도 (M)			
식초 중의 HOAc의 평균 몰농도 (M)			

계산식

3. 생각해보기

※ 적정에서 당량점과 종말점의 차이를 기술하여라. 식초와 같이 생활 속의 산-염기에 대하여 조사하여라.

실험 5

의약 제제의 분석

1 실험 배경

산과 염기는 많은 사람들이 화합물의 명칭을 잘 모르고 있는 아스피린(아세틸살리실산(acetylsalicylic acid))과 마그네시아 현탁액(수산화 마그네슘(magnesium hydroxide, 마그네시아 우유))처럼 우리들에게 친숙하다. 산-염기 화학은 많은 의약품이나 가정용품과 산업 공정에 중요하며, 생체계의 유지에 있어 필수적이다.

Arrhenius의 산-염기 이론은 용매에 용해되어 수소 이온(H^+)을 내놓을 수 있는 물질을 산(acid)으로, 수산화 이온(OH^-)을 내놓을 수 있는 물질을 염기(base)로 정의하고 있다. 염산(HCl), 황산(H_2SO_4), 인산(H_3PO_4) 등이 대표적인 산이며, 수산화 소듐(NaOH), 수산화 포타슘(KOH), 암모니아수(NH_4OH) 등이 대표적인 염기이다.

산과 염기는 서로 화학적으로 대립적인 특성을 가지고 있고, 산과 염기가 함께 혼합되면 물(H_2O)과 염(salt)이 생성되는 "중화 반응(neutralization reaction)"이 일어난다. 수산화 소듐 수용액에 강한 염산을 당량만큼 첨가하면 염화 소듐(NaCl)과 물이 만들어져서 산과 염기의 고유한 특성이 모두 사라진 소금물이 만들어지는 것이 대표적인 중화 반응의 예이다.

$$HCl(aq) + NaOH(aq) \longrightarrow NaCl(aq) + H_2O(l)$$

알짜 이온 반응식에서 Na^+과 Cl^-은 구경꾼 이온이므로 제외되며 알짜 이온 반응식은 다음과 같다.

$$H^+(aq) + OH^-(aq) \longrightarrow H_2O(l)$$

산과 염기의 중화 반응은 매우 빠르고 화학량론적으로 일어나기 때문에 중화 반응을 이용해서 수용액 속에 녹아 있는 산이나 염기의 농도를 정확하게 알아낼 수 있다. 그런 실험을 산-염기 적정(acid-base titration)이라고 부른다. 염산이 들어 있는 수용액에 수산화 소듐 수용액을 조금씩 넣으면 용액의 pH가 변한다. 즉, 수산화 소듐을 넣기 전에는 용액이 강한 산성을 나타내다가 용액에 들어 있는 염산의 양과 정확하게 같은 양의 수산화 소듐을 넣으면 pH가 7이 되고, 수산화 소듐을 더 넣으면 용액이 강한 염기성을 나타내게 된다.

용액 속의 염산을 완전히 중화시킬 만큼의 수산화 소듐을 넣은 상태를 "당량점(equivalent point)"이라고 하고, 당량점에서는 다음과 같은 관계가 성립된다.

$$n_A M_A V_A = n_B M_B V_B$$

이때 n은 산 또는 염기의 가수, M은 몰농도, V는 용액의 부피이다. 당량점 부근에서는 용액의 pH가 급격히 변화하게 되고, 이런 특성을 이용하면 당량점을 실험적으로 쉽게 알아낼 수 있다.

일상생활에서 사용되는 많은 의약품은 산성과 염기성을 띤다. 따라서 표준 용액(standard solution)을 이용한 산–염기 적정을 통하여 의약 제제 속에 포함된 전체 산과 염기의 용량, 즉 중화 용량(neutralization capacity)을 알 수 있다. 아스피린은 약한 산성을 나타낸다. 따라서 강염기로 적정할 수 있으며, 중화 반응은 다음과 같다.

O CH₃ C O C O OH + OH⁻ ⟶ O CH₃ C O C O O⁻ + H₂O

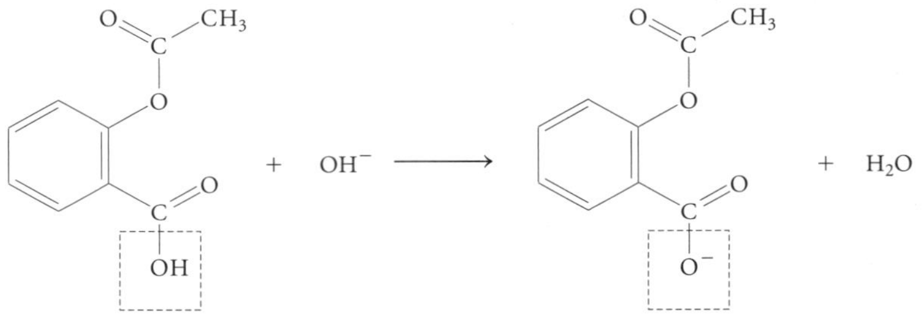

반면에, 탈시드(Talcid®, $Mg_6Al_2(OH)_{16}CO_3 \cdot 4H_2O$)와 같은 제산제(antacid)나 $NaHCO_3$와 같은 식용 소다는 염기성을 나타낸다. 따라서 강산으로 적정할 수 있으며, 중화 반응은 다음과 같다.

$$Mg_6Al_2(OH)_{16}CO_3 \cdot 4H_2O(s) + 18H^+(aq) \longrightarrow 6Mg^{2+}(aq) + 2Al^{3+}(aq) + CO_2(g) + 21H_2O(l)$$

$$HCO_3^-(aq) + H^+(aq) \longrightarrow H_2CO_3(aq) \longrightarrow CO_2(g) + H_2O(l)$$

2 실험 기구 및 시약

250 mL 삼각 플라스크 3개, 10 mL 눈금 피펫 1개, 50 mL 뷰렛 2개, 스탠드, 뷰렛 클램프, 전자 저울, pH 미터, 막자사발, 가열판, 자석 젓개, 자석 교반기, 아스피린 정제, 식용 소다, 제산제, 0.5 M NaOH 표준 용액, 0.5 M HCl 표준 용액, 페놀프탈레인 지시약, 메틸 오렌지 지시약

- 페놀프탈레인 지시약: 에탄올 50 mL에 0.1 g의 페놀프탈레인을 녹인 후 증류수 50 mL로 묽힌다.

- 메틸 오렌지 지시약: 증류수 100 mL에 0.01 g의 메틸 오렌지를 녹인다.
- 0.5 M NaOH 표준 용액: 100 mL 부피 플라스크에 2.08 g의 96% NaOH를 넣고 증류수로 녹인 다음 표선까지 증류수를 채운다. 표준 시약급 KHP로 표준화한다.
- 0.5 M HCl 표준 용액: 100 mL 부피 플라스크에 4.17 mL의 37% HCl을 넣고 표선까지 증류수를 채운다. 표준 시약급 탄산 소듐으로 표준화한다.

3 실험 과정

실험 1. 아스피린의 분석

1. 아스피린 정제를 곱게 갈아 약 1 g을 정확하게 측정하여 250 mL 삼각 플라스크에 넣는다.
2. 증류수 50 mL를 넣어 아스피린 분산물을 얻는다(20°C에서 아스피린의 용해도는 증류수 100 g에 0.1 g이다).
3. 페놀프탈레인 지시약 2~3 방울을 넣고 자석 교반을 하면서 0.5 M NaOH 표준 용액으로 적정한다.
4. 실험을 두 번 더 반복하여 중화 용량을 구한다.

실험 2. 탈시드의 분석

1. 탈시드정을 곱게 갈아 약 0.5 g을 정확하게 측정하여 250 mL 삼각 플라스크에 넣는다.
2. 증류수 50 mL를 넣어 탈시드 분산물을 얻는다(20°C에서 탈시드의 용해도는 증류수 100 g에 0.1 g이하이다).
3. 메틸 오렌지 지시약 2~3 방울을 넣고 자석 교반을 하면서 0.5 M HCl 표준 용액으로 적정한다(종말점 근처에서 80°C 정도의 물중탕으로 삼각 플라스크를 가열하여 녹아 있는 CO_2를 용액으로부터 완전히 제거한다).
4. 실험을 두 번 더 반복하여 중화 용량을 구한다.

실험 3. $NaHCO_3$의 분석

1. $NaHCO_3$를 포함하는 제산제 약 0.5 g을 정확하게 측정하여 250 mL 삼각 플라스크에 넣는다.
2. 증류수 50 mL를 넣어 완전히 용해시킨다.
3. 메틸 오렌지 지시약 2~3 방울을 넣고 자석 교반을 하면서 0.5 M HCl 표준 용액으로 적정한다(종말점 근처에서 80°C 정도의 물중탕으로 삼각 플라스크를 가열하여 녹아 있는 CO_2를 용액으로부터 완전히 제거한다).
4. 실험을 두 번 더 반복하여 중화 용량을 구한다.

4 자료

1. 아스피린의 화학식량: 180.15 g/mol
2. 탈시드의 화학식량: 604.93 g/mol
3. $NaHCO_3$의 화학식량: 84.00 g/mol

5 실험 결과 처리

실험 1. 아스피린의 분석

1.000 g(5.55 mmol)의 아스피린을 중화하기 위하여 0.490 M NaOH가 11.20 mL가 소모되었다면 중화 용량은 182.2 g/Eq H^+이다.

$$\text{중화 용량 (g/Eq H}^+\text{)} = \frac{1.000\ \text{g}}{0.490\ \text{M} \times 0.0112\ \text{L}} = 182.2\ \text{g/Eq H}^+$$

실험 2. 탈시드의 분석

0.500 g의 탈시드를 중화하기 위하여 0.490 M HCl이 28.20 mL가 소모되었다면 중화 용량은 36.2 g/Eq OH^-이다.

$$\text{중화 용량 (g/Eq OH}^-\text{)} = \frac{0.500\ \text{g}}{0.490\ \text{M} \times 0.0282\ \text{L}} = 36.2\ \text{g/Eq OH}^-$$

실험 3. $NaHCO_3$의 분석

0.500 g의 $NaHCO_3$를 중화하기 위하여 0.490 M HCl이 11.20 mL가 소모되었다면 중화 용량은 91.1 g/Eq OH^-이다.

$$\text{중화 용량 (g/Eq OH}^-\text{)} = \frac{0.500\ \text{g}}{0.490\ \text{M} \times 0.0112\ \text{L}} = 91.1\ \text{g/Eq OH}^-$$

의약 제제의 분석

소속대학		실험일자	
학과(학부)		제출일자	
학　　번		담당교수	
성　　명		확　　인	

1. 아스피린의 분석

	실험 1	실험 2	실험 3
아스피린의 질량 (g)			
적정에 사용된 0.5 M NaOH의 부피 (mL)			
아스피린의 중화 용량 (g/Eq H^+)			

계산식

절취선

2. 탈시드의 분석

	실험 1	실험 2	실험 3
탈시드의 질량 (g)			
적정에 사용된 0.5 M HCl의 부피 (mL)			
탈시드의 중화 용량 (g/Eq OH^-)			

계산식

3. $NaHCO_3$의 분석

	실험 1	실험 2	실험 3
$NaHCO_3$의 질량 (g)			
적정에 사용된 0.5 M HCl의 부피 (mL)			
$NaHCO_3$의 중화 용량 (g/Eq OH^-)			

계산식

4. 생각해보기

※ 음식을 섭취하거나 약을 복용했을 때, 위에서 일어나는 산-염기 반응에 대하여 생각해 보아라.

완충 용액의 제조

1 실험 배경

완충 용액(buffer solution)은 약산과 그 약산의 염, 약염기와 그 약염기의 염을 포함하는 용액이며, 소량의 산이나 염기를 첨가하여도 pH 변화에 저항하는 능력을 가진 용액이다. 완충제(buffer)는 화학적 및 생물학적으로 매우 중요하다. 인체에서 pH는 유체에 따라서 다양하게 변한다. 예를 들면, 혈액의 pH는 약 7.4이고, 위액의 pH는 약 1.5이다. 효소의 적절한 기능과 삼투압의 균형에 중요한 pH 값은 대부분 완충 용액에 의하여 유지한다.

완충 용액은 첨가한 OH^- 이온과 반응할 수 있도록 비교적 큰 농도의 산을 포함하고 있어야 하며, 또한 첨가한 H^+ 이온과도 반응하도록 충분한 농도의 염기를 포함하고 있어야 한다. 더욱이 완충제의 산과 염기 성분들은 중화 반응에서 서로 소비되지 않아야 한다. 이들 요건은 산–염기쌍, 즉 약산과 그 짝염기 또는 약염기와 그 짝산(짝염기와 짝산은 염으로서 공급된다.)에 의하여 충족된다.

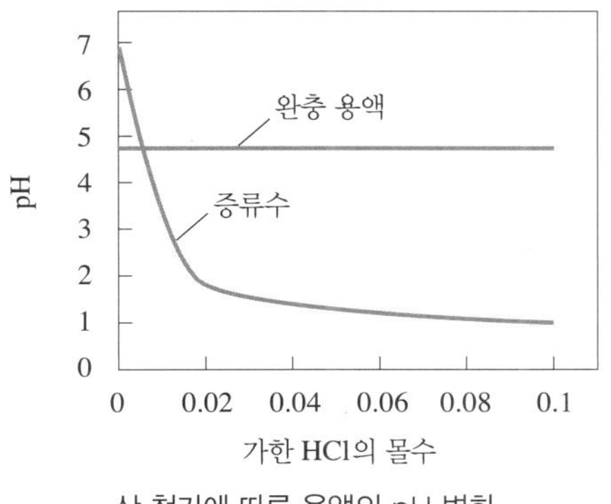

산 첨가에 따른 용액의 pH 변화

어떤 약산 HA가 수용액 중에서 부분적으로 해리되어 소량의 H_3O^+ 이온을 생성할 때 화학 반응은 다음과 같다.

$$HA(aq) + H_2O(l) \rightleftharpoons H_3O^+(aq) + A^-(aq) \qquad K_a$$

또한 물에 녹아 HA의 짝염기인 A^-를 생성하는 강전해질 NaA는 완전히 해리되어 다음과 같은 반응으로 가수분해한다.

$$A^-(aq) + H_2O(l) \rightleftharpoons HA(aq) + OH^-(aq) \qquad K_b$$

만약 HA와 NaA가 같은 용액에 함께 녹아 있으면 두 화합물은 해리되어 모두 공통 이온(common ion)인 A^-를 생성할 수 있다. NaA는 강전해질이므로 용액에서 완전히 해리되지만, 약산인 HA는 부분적으로 해리된다. 이러한 용액에 존재하는 화학종들의 평형은 HA의 해리에 의한 평형에 과량의 A^-가 첨가되어 평형이 교란된 것으로 설명할 수 있다. 따라서 Le Châtelier의 원리에 의하여 평형은 반응물 쪽으로 이동하여 HA의 해리는 억제되고 H_3O^+ 이온 농도는 감소한다. 이와 같은 현상을 공통 이온 효과(common ion effect)라고 한다.

만약 HA와 A^-가 평형을 이루고 있는 계에 산을 첨가하여 H_3O^+ 이온 농도를 증가시키면 평형은 H_3O^+를 감소시키는 방향인 반응물 쪽으로 이동하며, 염기를 첨가하여 OH^- 이온을 공급하면 H_3O^+ 이온과 중화 반응(neutralization reaction)을 하여 물을 형성하므로 평형은 H_3O^+를 증가시키는 방향인 생성물 쪽으로 이동하여 제거된 H_3O^+ 이온을 보충하게 된다. 이와 같은 현상을 이용하여 평형이 이루어진 용액에 가해지는 외부 자극(산 또는 염기의 유입)에 저항하여 pH 변화가 적은 용액을 만들 수 있다.

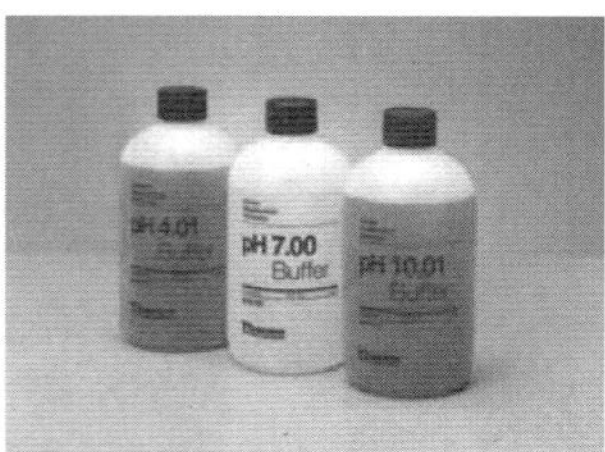

pH meter 검정용 완충 용액

약산 HA 및 NaA와 같은 약산의 가용성 염을 포함하는 완충 용액의 pH를 다음과 같이 계산할 수 있다. 약산의 산 이온화 상수(K_a)는 다음과 같이 표현된다.

$$K_a = \frac{[H_3O^+][A^-]}{HA}$$

식을 $[H_3O^+]$에 대해 풀고 양변에 음의 상용 로그를 취하면 식은 다음과 같이 바뀐다.

$$-\log [H_3O^+] = -\log K_a + \log\frac{[A^-]}{[HA]}$$

$-\log [H_3O^+] = pH$, $-\log K_a = pK_a$를 대입하면 위 식은 다음과 같이 정리되며, 이 식을 Henderson–Hasselbalch 식이라고 부른다.

$$pH = pK_a + \log\frac{[A^-]}{[HA]}$$

따라서 완충 용액의 pH는 pK_a와 약산과 그 짝염기의 농도를 알면 쉽게 구할 수 있다. 완충 용액이 효과적으로 작용하는 pH 범위(완충 범위)는 pK_a의 값에 가까운 범위이며 흔히 pH 범위는 $pK_a \pm 1.00$ 범위를 사용한다. 완충 용량(buffer capacity), 즉 완충 용액의 효능은 완충 용액을 만든 산과 짝염기의 양에 의존한다. 양이 많을수록 완충 용량은 커진다.

산성 영역에서 간단한 완충 용액은 아세트산(CH_3COOH)과 그 염인 아세트산 소듐(CH_3COONa)을 물에 가하여 만들 수 있다. 산과 짝염기(CH_3COONa) 각각의 평형 농도는 초기 농도와 같다고 가정할 수 있다. 이들 두 물질을 포함하는 용액은 첨가한 산이나 염기를 중화할 수 있는 능력을 가지고 있다. 아세트산 소듐은 강전해질로서 물에서 완전히 이온화된다.

$$CH_3COONa(aq) \longrightarrow CH_3COO^-(aq) + Na^+(aq)$$

만약 산을 가하면, 완충제 중의 짝염기 CH_3COO^-에 의하여 다음의 식에 따라서 H^+ 이온이 소비될 것이다.

$$CH_3COO^-(aq) + H^+(aq) \longrightarrow CH_3COOH(aq)$$

만약 염기를 완충계에 가하면, 완충제 중의 산에 의하여 OH^- 이온이 중화될 것이다.

$$CH_3COOH(aq) + OH^-(aq) \longrightarrow CH_3COO^-(aq) + H_2O(l)$$

염기성 영역에서 간단한 완충 용액은 암모니아수(NH_4OH)와 그 염인 염화 암모늄(NH_4Cl)을 물에 가하여 만들 수 있다. 이들 두 물질을 포함하는 용액도 첨가한 산이나 염기를 중화할 수 있는 능력을 가지고 있다.

$$NH_4Cl(aq) \longrightarrow NH_4^+(aq) + Cl^-(aq)$$

만약 염기를 가하면, 완충제 중의 짝산인 NH_4^+에 의하여 다음의 식에 따라서 OH^- 이온이 소비될 것이다.

$$NH_4^+(aq) + OH^-(aq) \longrightarrow NH_3(aq) + H_2O(l)$$

만약 산을 완충계에 가하면, 완충제 중의 염기에 의하여 H^+ 이온이 중화될 것이다.

$$NH_4OH(aq) + H^+(aq) \longrightarrow NH_4^+(aq) + H_2O(l)$$

2 실험 기구 및 시약

100 mL 부피 플라스크 9개, 100 mL 비커 10개, 10 mL 눈금 피펫 6개, 100 mL 눈금 실린더 1개, 전자 저울, pH meter, pH 시험지, 0.010 M HCl 용액, 2.0 M NaOH 용액, 2.0 M CH_3COOH 용액, 2.0 M CH_3COONa 용액, 2.0 M NH_4Cl 용액, 2.0 M NH_4OH 용액, 증류수, 온도계

- 100 mL 용액 제조: 100 mL 부피 플라스크에 다음 표에 나타낸 양만큼의 물질을 넣고 증류수를 표선까지 채워 용액을 만든다.

용액	첨가 물질	양
0.0100 M HCl	1.00 M HCl	1 mL
2.00 M NaOH	96% NaOH	8.333 g
2.00 M CH_3COOH	CH_3COOH	11.45 mL(12.01 g)
2.00 M CH_3COONa	CH_3COONa	16.41 g
2.00 M NH_4Cl	NH_4Cl	10.70 g
2.00 M NH_4OH	30% 암모니아수	13.33 mL

3 실험 과정

실험 1. CH_3COOH/CH_3COONa 완충 용액 제조

1. 100 mL 부피 플라스크에 다음 표와 같이 2.00 M CH_3COOH 용액과 2.00 M CH_3COONa 용액을 넣고 증류수를 표선까지 채워 용액을 만든다.

	취한 CH_3COOH 용액의 부피 (mL)	취한 CH_3COONa 용액의 부피 (mL)	용액의 전체부피 (mL)
완충 용액 1	2.50	7.50	100.0
완충 용액 2	5.00	5.00	100.0
완충 용액 3	7.50	2.50	100.0

2. 100 mL 비커에 각 용액 ~50 mL를 옮긴 후 pH meter를 사용하여 용액의 pH를 측정한다(pH meter가 없으면 pH 시험지를 사용한다).

실험 2. CH_3COOH/NaOH 완충 용액 제조

1. 100 mL 부피 플라스크에 다음 표와 같이 2.00 M CH_3COCH 용액과 2.00 M NaOH 용액을 넣고 증류수를 표선까지 채워 용액을 만든다.

	취한 CH_3COOH 용액의 부피 (mL)	취한 NaOH 용액의 부피 (mL)	용액의 전체부피 (mL)
완충 용액 4	10.0	7.50	100.0
완충 용액 5	10.0	5.00	100.0
완충 용액 6	10.0	2.50	100.0

2. 100 mL 비커에 각 용액 ~50 mL를 옮긴 후 pH meter를 사용하여 용액의 pH를 측정한다.

실험 3. NH_4Cl/NH_4OH 완충 용액 제조

1. 100 mL 부피 플라스크에 다음 표와 같이 2.00 M NH_4Cl 용액과 2.00 M NH_4OH 용액을 넣고 증류수를 표선까지 채워 용액을 만든다.

	취한 NH_4Cl 용액의 부피 (mL)	취한 NH_4OH 용액의 부피 (mL)	용액의 전체부피 (mL)
완충 용액 7	2.50	7.50	100.0
완충 용액 8	5.00	5.00	100.0
완충 용액 9	7.50	2.50	100.0

2. 100 mL 비커에 각 용액 ~50 mL를 옮긴 후 pH meter를 사용하여 용액의 pH를 측정한다.

실험 4. 완충 용액의 pH 변화 관찰

1. 각 실험에서 제조된 9개의 완충 용액, 0.0100 M HCl 용액, 증류수를 각각 50.0 mL씩 취해 비커에 옮긴 후 용액의 pH를 측정한다.
2. 각 용액에 2.00 M NaOH 용액 1.00 mL를 첨가하여 혼합한 후 pH를 다시 측정하여 pH 변화를 살펴본다.

4 자료

1. NaOH: 화학식량 40.0 g/mol
2. CH_3COOH: 분자량 60.05 g/mol, 밀도 1.049 g/mL, $K_a = 1.76 \times 10^{-5}$(25°C)

3. CH_3COONa: 화학식량 82.03 g/mol
4. NH_4Cl: 화학식량 53.49 g/mol, $K_a = 5.6 \times 10^{-10}$(25°C)
5. NH_4OH 용액: NH_3의 분자량 17.03 g/mol, 30% 수용액(15 M)

5 실험 결과 처리

실험 1. CH_3COOH/CH_3COONa 완충 용액 제조

완충 용액 2에서 묽힘에 의하여 100 mL 완충 용액 속에는 0.100 M CH_3COOH와 0.100 M CH_3COONa가 들어 있으며 짝산-짝염기 전체의 농도는 0.200 M이다. 문헌에 보고된 아세트산의 K_a는 25°C에서 1.76×10^{-5}이다. K_a와 짝산-짝염기의 농도로부터 Henderson-Hasselbalch 식은 다음과 같고, 얻어진 pH = 4.75이다.

$$pH = 4.75 + \log\frac{[0.100]}{[0.100]} = 4.75$$

실험 2. $CH_3COOH/NaOH$ 완충 용액 제조

완충 용액 5에서 사용한 2.00 M CH_3COOH 용액 10.00 mL(0.0200 mol) 중에서 5.00 mL(0.0100 mol)는 2.00 M NaOH 5.00 mL(0.0100 mol)와 중화 반응을 하여 0.0100 mol의 CH_3COONa를 형성한다. 따라서 완충 용액 5의 결과는 완충 용액 2의 결과와 같다. pH = 4.75가 얻어진다.

실험 3. NH_4Cl/NH_4OH 완충 용액 제조

완충 용액 8에서 묽힘에 의하여 100 mL 완충 용액 속에는 0.100 M NH_4Cl과 0.100 M NH_4OH가 들어 있으며 짝산-짝염기 전체의 농도는 0.200 M이다. NH_4^+의 K_a와 짝산-짝염기의 농도로부터 Henderson-Hasselbalch 식을 계산하여 얻어진 pH = 9.25이다.

실험 4. 완충 용액의 pH 변화 관찰

1. 증류수 50.0 mL에 2.00 M NaOH 1.00 mL를 가하면 $[OH^-]$는 0.0392 M이 된다.

$$[OH^-] = \frac{2.00\ M \times 0.00100\ L}{0.0510\ L} = 0.0392\ M$$

   따라서 $K_w(= [H_3O^+][OH^-] = 1.00 \times 10^{-14})$를 이용하여 계산하면 $[H_3O^+]$는 2.55×10^{-13}이고 pH는 12.59가 된다. pH 변화 = 12.59 − 7.00 = 6.59가 된다.
2. 완충 용액 2(또는 완충 용액 5) 50.0 mL에는 CH_3COOH와 CH_3COONa가 각각 0.00500 mol이 포함되어 있다. 2.00 M NaOH 1.00 mL(0.00200 mol)를 가하면 0.00200 mol의 CH_3COOH가 중화되어 0.00200 mol의 CH_3COONa를 생성한다. 따라서 CH_3COOH와 CH_3COONa의 농도는 각각 0.0588 M과 0.137 M이 된다.

$$[CH_3COOH] = \frac{0.00300 \text{ mol}}{0.0510 \text{ L}} = 0.0588 \text{ M}$$

$$[CH_3COO^-] = \frac{0.00700 \text{ mol}}{0.0510 \text{ L}} = 0.137 \text{ M}$$

K_a와 짝산-짝염기의 농도로부터 Henderson-Hasselbalch 식은 다음과 같다.

$$\text{pH} = 4.75 + \log\frac{[0.137]}{[0.0588]} = 5.12$$

pH 변화 = 5.12 − 4.75 = 0.37이 된다.

3. 완충 용액 8의 50.0 mL에는 NH_4Cl과 NH_4OH가 각각 0.00500 mol이 포함되어 있다. 2.00 M NaOH 1.00 mL(0.00200 mol)를 가하면 0.00200 mol의 NH_4Cl가 중화되어 0.00200 mol의 NH_4OH를 생성한다. 따라서 NH_4Cl과 NH_4OH의 농도는 각각 0.0588 M과 0.137 M이 된다.

$$[NH_4Cl] = \frac{0.00300 \text{ mol}}{0.0510 \text{ L}} = 0.0588 \text{ M}$$

$$[NH_4OH] = \frac{0.00700 \text{ mol}}{0.0510 \text{ L}} = 0.137 \text{ M}$$

K_a와 짝산-짝염기의 농도로부터 Henderson-Hasselbalch 식은 다음과 같다.

$$\text{pH} = 9.25 + \log\frac{[0.137]}{[0.0588]} = 9.62$$

pH 변화 = 9.62 − 9.25 = 0.37이 된다.

4. 0.0100 M HCl 용액 50.0 mL(0.000500 mol)에 2.00 M NaOH 1.00 mL(0.00200 mol)를 가하면 0.000500 mol의 HCl이 전부 중화되어 물과 NaCl로 바뀐다. 따라서 용액 중에는 0.00150 mol의 NaOH가 존재하게 되며 $[OH^-]$는 0.0294 M이 되며 pH는 12.47이 된다.

$$[OH^-] = \frac{0.0015 \text{ mol}}{0.0510 \text{ L}} = 0.0294 \text{ M}$$

$$\text{pH} = 12.47$$

pH 변화 = 12.47 − 2.00 = 10.47이 된다.

완충 용액의 제조

소속대학 ______________ 실험일자 ______________

학과(학부) ______________ 제출일자 ______________

학　　번 ______________ 담당교수 ______________

성　　명 ______________ 확　　인 ______________

1. CH_3COOH/CH_3COONa 완충 용액 제조

	완충 용액 1	완충 용액 2	완충 용액 3
2.00 M CH_3COOH 용액의 부피 (mL)			
2.00 M CH_3COONa 용액의 부피 (mL)			
용액 전체의 부피 (mL)			
예상 pH			
관찰된 pH			

예상 pH 계산식:

절취선

2. CH_3COOH/NaOH 완충 용액 제조

	완충 용액 4	완충 용액 5	완충 용액 6
2.00 M CH_3COOH 용액의 부피 (mL)			
2.00 M NaOH 용액의 부피 (mL)			
용액 전체의 부피 (mL)			
예상 pH			
관찰된 pH			

예상 pH 계산식:

3. NH_4Cl/NH_4OH 완충 용액 제조

	완충 용액 7	완충 용액 8	완충 용액 9
2.00 M NH_4Cl 용액의 부피 (mL)			
2.00 M NH_4OH 용액의 부피 (mL)			
용액 전체의 부피 (mL)			
예상 pH			
관찰된 pH			

예상 pH 계산식:

4. 완충 용액의 pH 변화 관찰

	완충 용액 1	완충 용액 2	완충 용액 3	완충 용액 7	완충 용액 8	완충 용액 9	0.0100 M HCl 용액	증류수
사용한 부피 (mL)								
첨가한 2.00 M NaOH의 부피 (mL)								
초기 pH								
나중 pH								
pH 변화								

5. 생각해보기

※ 생체 내의 완충계에 대하여 설명하여라.

산화–환원 적정

1 실험 배경

산화–환원(oxidation–reduction 또는 redox) 반응은 전자 이동 반응이다. 화석 연료의 연소로부터 가정용 표백제까지 산화–환원 반응은 우리의 일상생활과 밀접한 관련이 있다.

대부분의 금속과 비금속 원소는 산화 또는 환원 과정에 의해 광석으로부터 얻어진다. 대부분의 중요한 산화–환원 반응은 물에서 일어난다. 하지만 모든 산화–환원 반응이 모두 물에서 일어나는 것은 아니다. 칼슘과 산소로부터 산화 칼슘(CaO)이 형성되는 반응을 생각해 보자.

$$2Ca(s) + O_2(g) \longrightarrow 2CaO(s)$$

산화 칼슘은 Ca^{2+} 이온과 O^{2-} 이온으로 만들어진 이온 결합 화합물이다. 이 반응에서 두 개의 Ca 원자에서 네 개의 전자가 (O_2에 포함된) 두 개의 O 원자로 이동한다. 이 과정을 두 개의 별도의 단계로 생각할 수 있다. 하나는 두 개의 Ca 원자가 네 개의 전자를 잃는 과정이고, 다른 하나는 O_2 분자가 네 개의 전자를 얻는 과정이다.

$$2Ca \longrightarrow 2Ca^{2+} + 4e^-$$

$$O_2 + 4e^- \longrightarrow 2O^{2-}$$

이 각각의 단계를 반쪽 반응 (half–reaction)이라 부르고, 반쪽 반응의 합은 전체 반응이 된다.

$$2Ca + O_2 + 4e^- \longrightarrow 2Ca^{2+} + 2O^{2-} + 4e^-$$

양변의 전자를 지우면 다음과 같다.

$$2Ca + O_2 \longrightarrow 2Ca^{2+} + 2O^{2-} \longrightarrow 2CaO$$

산화 반응(oxidation reaction)은 전자를 잃는 반쪽 반응이다. 화학자들은 원래

"산화"를 특정 원소가 산소와 결합하는 것으로 사용했다. 그러나 지금은 산소가 관여하지 않는 반응도 포함하는 넓은 의미를 가지고 있다. 환원 반응(reduction reaction)은 전자를 얻는 반쪽 반응이다. 산화 칼슘의 생성에서 칼슘은 산화된다. 칼슘은 전자를 산소에 주기 때문에 환원제(reducing agent) 역할을 하고, 이때 산소는 환원된다. 산소는 칼슘의 산화에 의하여 칼슘으로부터 전자를 받기 때문에 환원되며, 산화제(oxidizing agent) 역할을 한다. 산화-환원 반응에 있어 환원제에 의해 잃은 전자의 수는 산화제에 의해 얻는 전자의 수와 같아야 한다.

산화-환원 적정(oxidation-reduction titration)은 이러한 산화제 또는 환원제의 표준 용액을 사용하여 시료 물질을 완전히 산화 또는 환원시키는데 소모된 양을 측정하여 시료 물질을 정량하는 부피 분석법(volumetric analysis)의 일종이다.

산화-환원 적정법에서 종말점(end point)은 과망가니즈산법과 같이 지시약을 넣지 않는 경우와 아이오딘법과 같이 지시약을 사용하는 경우가 있다. 특별한 경우 전기화학적인 방법으로 종말점을 결정하는 전위차법이 있다.

과망가니즈산 포타슘은 주로 산성 용액에서 과망가니즈산 이온(MnO_4^-)이 Mn^{2+} 이온으로 환원되는 과정의 강력한 산화 작용에 의하여 시료가 산화되는 반응을 이용한다.

$$MnO_4^-(aq) + 8H^+(aq) + 5e^- \longrightarrow Mn^{2+}(aq) + 4H_2O(l) \quad E^o = 1.51\ V$$

황산으로 제조된 산성 용액에서 Fe^{2+} 염과 과망가니즈산 포타슘을 반응시킬 때에는 다음 식과 같은 반응이 일어나서 과망가니즈산 이온의 보라색이 사라진다.

$$MnO_4^-(aq) + 5Fe^{2+}(aq) + 8H^+(aq) \longrightarrow Mn^{2+}(aq) + 5Fe^{3+}(aq) + 4H_2O(l)$$

만일 일정량의 황산 철(II)($FeSO_4$) 용액에 뷰렛으로 과망가니즈산 포타슘 용액을 떨어뜨려 산화-환원 적정을 할 경우 Fe^{2+} 이온이 모두 산화되어 Fe^{3+} 이온으로 바뀌면 과량으로 첨가된 한 방울의 과망가니즈산 이온의 보라색이 사라지지 않고 남게 되어 종말점을 확인할 수 있다.

산화-환원 적정에서 주의해야 할 점은 당량에 관한 개념이다. 과망가니즈산 포타슘의 산성 용액에서는 위의 식과 같이 반응하므로 1몰의 과망가니즈산 이온이 Mn^{2+} 이온으로 환원되는 과정에서 산화수의 변화는 5(+7 → +2)이다. 즉, 과망가니즈산 이온 1몰이 전자 5몰을 받아들였으므로 과망가니즈산 이온 1몰은 5당량이다.

그러나 과망가니즈산 포타슘은 알칼리성이나 중성 용액에서는 다음과 같이 반응한다.

$$MnO_4^-(aq) + 2H_2O(l) + 3e^- \longrightarrow MnO_2(s) + 4OH^-(aq)$$

이 때 산화수의 변화는 3(+7 → +4)이다. 따라서 과망가니즈산 포타슘 1몰은 3당량이다.

과망가니즈산 포타슘은 공기 중에서 서서히 MnO_2로 전환되므로 1차 표준 물질이 아니다. 따라서 1차 표준 물질인 옥살산 소듐($Na_2C_2O_4$)으로 용액의 농도를 결정하며, 다음과 같은 산화–환원 반응이 일어난다.

$$2MnO_4^-(aq) + 5C_2O_4^{2-}(aq) + 16H^+(aq) \longrightarrow 2Mn^{2+}(aq) + 10CO_2(g) + 8H_2O(l)$$

과산화 수소는 산성 용액에서 과망가니즈산 포타슘과 다음과 같이 반응하므로 과산화 수소 1몰은 2당량이다.

$$2MnO_4^-(aq) + 5H_2O_2(aq) + 6H^+(aq) \longrightarrow 2Mn^{2+}(aq) + 5O_2(g) + 8H_2O(l)$$

2 실험 기구 및 시약

100 mL 부피 플라스크 1개, 250 mL 삼각 플라스크 3개, 10 mL 눈금 피펫 1개, 5 mL 눈금 피펫 1개, 50 mL 뷰렛 1개, 뷰렛 클램프 1개, 눈금 스포이드 1개, 자석 교반기, 0.0200 M $KMnO_4$ 용액, 3% H_2O_2 용액, 9 M H_2SO_4

- 0.0200 M $KMnO_4$ 용액: 100 mL 부피 플라스크에 0.316 g의 $KMnO_4$을 넣고 증류수로 녹인 다음 표선까지 증류수를 채운다. 표준 시약급 옥살산 소듐으로 표준화한다.
- 3% H_2O_2 용액: 30% 과산화 수소 수용액 10 g과 증류수 90 g을 혼합하여 제조한다. 또는 100 mL 부피 플라스크에 30% 과산화 수소 수용액 10 mL를 넣고 표선까지 증류수를 채운다.
- 9 M H_2SO_4 용액: 100 mL 부피 플라스크에 30 mL의 증류수를 넣고, 얼음 중탕에서 냉각한다. 계속 냉각 상태를 유지하면서 98% H_2SO_4 50 mL를 천천히 넣고 표선까지 증류수를 채운다.

3 실험 과정

실험 1. 과산화 수소 수용액의 정량

1. 3% 과산화 수소 수용액 10.00 mL를 눈금 피펫으로 정확하게 취하여 100 mL 부피 플라스크에 넣고 표선까지 증류수로 채운 후 잘 흔들어준다.
2. 이 용액 5.00 mL를 피펫으로 정확하게 취하여 250 mL 삼각 플라스크에 넣고 증류수로 묽혀서 전체 양이 100 mL 정도 되게 한다(첨가하는 증류수의 양은 실험 결과에 영향을 미치지 않는다).
3. 9 M H_2SO_4 용액 10 mL를 가한다.
4. 이 용액을 자석 젓개로 잘 저어주면서 실온에서 뷰렛에 담겨진 0.0200 M $KMnO_4$ 표준 용액으로 적정한다. 마지막 한 방울에 의하여 $KMnO_4$의 보라색이 없어지지 않고 30초 이상 지속되는 점이 종말점이다.

5. 이상의 실험을 두 번 더 반복하여 평균값을 구하고 이 값으로부터 과산화 수소 용액의 정확한 농도를 구한다.

참고. 과망가니즈산 포타슘 용액의 표준화

1. 표준 물질급의 옥살산 소듐 0.700 g을 전자 저울로 정확하게 질량을 재서 250 mL 부피 플라스크에 넣고 소량의 증류수를 넣어 완전히 녹인 후 표선까지 채운 다음 잘 섞는다.
2. 이 용액 10.00 mL를 눈금 피펫으로 정확히 취하여 250 mL 삼각 플라스크에 넣고 전체 양이 약 100 mL가 되도록 증류수를 가한다.
3. 9 M H_2SO_4 용액 10 mL를 가한다.
4. 삼각 플라스크를 70~80°C의 물중탕에 넣고 잘 흔들어 주면서(또는 자석 교반을 하면서) 뷰렛으로부터 과망가니즈산 포타슘 표준 용액을 천천히 가하여 적정한다. 마지막 한 방울에 의하여 보라색이 없어지지 않고 30초 이상 지속되는 점이 종말점이다.
5. 이상의 실험을 두 번 더 반복하여 평균값을 구하고 이 값으로부터 과망가니즈산 포타슘 용액의 정확한 농도를 구한다. 과망가니즈산 포타슘 용액은 햇빛에 두면 분해되기 때문에 갈색 시약병에 보관한다.

4 자료

1. 옥살산 소듐($Na_2C_2O_4$)의 화학식량: 134.0 g/mol
2. 과망가니즈산 포타슘($KMnO_4$)의 화학식량: 158.04 g/mol
3. 과산화 수소(H_2O_2)의 화학식량: 34.01 g/mol

5 실험 결과 처리

1. **과산화 수소 수용액의 농도 결정:** 정확히 5.00 mL의 과산화 수소 용액을 적정하기 위하여 첨가된 0.0200 M 과망가니즈산 포타슘 용액의 평균 부피가 11.22 mL이었다면 과산화 수소 용액의 농도는 0.112 M이며 3% 과산화 수소 수용액의 농도는 1.12 M이다.

$$nMV = n'M'V'$$

$$2 \times M \times 5.00\ \text{mL} = 5 \times 0.0200\ \text{M} \times 11.22\ \text{mL}$$

$$M = 0.112\ \text{M}$$

산화-환원 적정

소속대학 ______________ 실험일자 ______________

학과(학부) ______________ 제출일자 ______________

학 번 ______________ 담당교수 ______________

성 명 ______________ 확 인 ______________

1. 과산화 수소 수용액의 정량

	1회	2회	3회
과산화 수소의 농도 (%)			
과산화 수소의 부피 (mL)			
$KMnO_4$의 농도 (M)			
$KMnO_4$의 부피 (mL)			
과산화 수소의 농도 (M)			
과산화 수소의 평균 농도 (M)			

농도 계산식

절취선

2. 생각해보기

※ 일상생활에서 일어나는 산화−환원 반응에 대하여 기술하여라. 산업적으로 사용되는 기구와 장치들에서 일어나는 산화−환원 반응에 대하여 기술하여라.

비타민 C의 정량

1 실험 배경

비타민 C(vitamin C)는 아스코르브산(ascorbic acid)이라고도 불리는 비타민의 한 종류이다. 거의 모든 음식물에 들어 있을 정도로, 가장 쉽게 접할 수 있는 비타민의 하나이다.

비타민 C가 풍부한 과일인 오렌지

모든 포유류는 비타민 C를 자체적으로 합성할 수 있다. 인간 역시 인류 초기에는 합성할 수 있었다고 알려져 있지만 언제부터인지는 모르게 그 기능이 사라져 그 이후부터 여러 관련된 질병들이 발생했다고 믿어지고 있다. 비타민 C의 항산화 기능은 노화를 방지할 수 있다. 인체에서 이 비타민이 결핍되면 괴혈병이 발생한다. 강한 환원제로서 collagen의 합성 효소 활성화 등 인체에 있어 필수적인 성분 중 하나이다.

비타민 C의 화학적 성질을 살펴보면 L-ascorbic acid는 dehydro-L-ascorbic acid로 쉽게 산화된다. 또 dehydro-L-ascorbic acid는 2,3-diketo-L-gulonic acid로 산화된다.

L-Ascorbic acid와 dehydro-L-ascorbic acid 사이의 변환은 가역적 산화-환원 변환이지만 dehydro-L-ascorbic acid가 2,3-diketo-L-gulonic acid로 산화되는

것은 비가역적 반응이다. 즉 비타민 C는 dehydroascorbic acid로 산화되면서 다른 물질을 환원시키는 환원제로서 작용할 수 있는 물질이다.

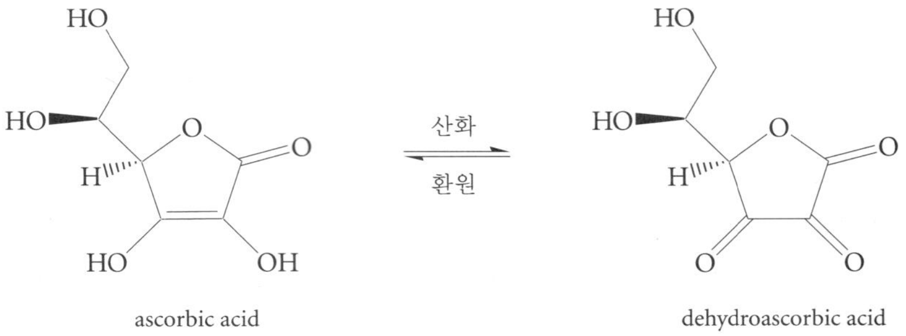

ascorbic acid ⇌ (산화 / 환원) dehydroascorbic acid

비타민 C는 동물의 collagen을 합성하는데 필수적이다. 비타민 C가 부족하면 collagen 합성 과정이 차단되어 괴혈병의 전형적 증상인 출혈, 감염 및 뼈의 연화 등의 증상이 나타난다(collagen은 혈액 응고에 관여하는 물질이다). Collagen을 합성하는 효소는 Fe^{2+} 이온과 느슨하게 결합하고 있어야 활성형 효소로 작용하며, 산화되어 Fe^{3+} 이온으로 변하면 활성이 없어진다. Ascorbic acid는 Fe^{3+} 이온을 Fe^{2+} 이온으로 환원시켜 주며 효소의 성분인 −SH기를 환원 상태로 유지시켜 주는 기능이 있기 때문에 collagen 합성을 도와주는 조효소(coenzyme) 구실을 한다.

이와 같이 비타민 C가 강력한 환원력을 지닌 물질이기 때문에 collagen 합성을 도와줄 수 있으며, 이 외에도 산화–환원 반응이 개입된 중요한 생명 현상이 있다면 비타민 C가 필요할 것이라는 것을 예상할 수 있다.

하나의 아이오딘산 이온(IO_3^-)은 아이오딘화 이온(I^-)의 존재 하에 다음과 같이 반응하여 세 개의 아이오딘 분자(I_2)를 생성한다.

$$IO_3^-(aq) + 5I^-(aq) + 6H^+(aq) \longrightarrow 3I_2(s) + 3H_2O(l)$$

또한 생성된 아이오딘 한 분자는 ascorbic acid 한 분자를 dehydroascorbic acid로 산화시킨다.

$$\text{ascorbic acid} + I_2 \longrightarrow \text{dehydroascorbic acid} + 2H^+ + 2I^-$$

따라서 전체적으로 하나의 아이오딘산 이온은 세 분자의 ascorbic acid를 산화시킨다.

2 실험 기구 및 시약

250 mL 삼각 플라스크 3개, 250 mL 눈금 실린더 1개, 50 mL 뷰렛 1개, 뷰렛 클램프 1개, 깔때기 1개, 거름종이, 막자와 막자사발 1개, 전자 저울, 자석 젓개, 자석 교반기, 비타민 C 제품(액체상 또는 고체상), 증류수, 0.0500 M KIO_3, 0.6 M KI, 1 M HCl, 녹말 지시약

- 0.0500 M KIO_3 용액: 100 mL 부피 플라스크에 1.07 g의 KIO_3을 넣고 증류수로

녹인 다음 표선까지 증류수를 채운다.

- 0.6 M KI 용액: 100 mL 부피 플라스크에 9.96 g의 KI을 넣고 증류수로 녹인 다음 표선까지 증류수를 채운다.
- 1 M HCl 용액: 100 mL 부피 플라스크에 8.33 mL의 37% HCl을 넣고 표선까지 증류수를 채운다.
- 녹말 지시약: 1 g의 가용성 녹말을 물 100 mL에 넣고 맑은 용액이 될 때까지 끓인 후 냉각시킨다. 장시간 보관할 경우 1 mg의 방부제인 Hg_2I_2를 넣어준다.

3 실험 과정

실험 1. 비타민 C의 정량

1. 구입한 고체상의 비타민 C 제품을 막자사발에 넣고 막자로 곱게 간다.
2. 비타민 C 0.50 g을 전자 저울에 재어 250 mL 삼각 플라스크에 넣고 증류수 150 mL를 가하여 전부 용해시킨다(액체상 비타민 C 제품을 사용할 경우 0.50 g 정도의 비타민 C를 포함하는 양을 눈금 실린더로 취하여 250 mL 삼각 플라스크에 넣고 증류수를 가하여 전체 부피가 150 mL가 되도록 한다). (주의 공기 중의 산소에 의해 비타민 C는 산화될 수 있다. 또한 알약을 만들 때 사용되는 타정 물질들이 물에 녹지 않고 잔류할 수 있다. 잔류물이 있을 경우 여과하여 여과액만을 사용한다.)
3. 준비된 용액에 1 M HCl 용액 5 mL를 넣고 0.6 M KI 용액 10 mL를 넣고 녹말 지시약 5 mL를 넣은 후 0.0500 M KIO_3 용액으로 푸른색이 될 때까지 적정한다.
4. 이상의 실험을 두 번 더 반복하여 평균값을 구하고 이 값으로부터 비타민 C 제품의 정확한 함량을 구한다.

실험 2. 비타민 C 손실의 정량

1. 실험 1과 같이 구입한 고체상의 비타민 C 제품을 이용하여 용액 150 mL를 만든다.
2. 이 용액을 끓는 물에 30분간 가열하고 수돗물로 냉각한다.
3. 준비된 용액에 1 M HCl 용액 5 mL를 넣고 0.6 M KI 용액 10 mL를 넣고 녹말 지시약 5 mL를 넣은 후 0.0500 M KIO_3 용액으로 푸른색이 될 때까지 적정한다.
4. 이상의 실험을 두 번 더 반복하여 평균값을 구하고 가열에 의한 비타민 C의 손실을 확인한다.

4 자료

1. Ascorbic acid: 분자량 176.12 g/mol, 용해도 33 g/물 100 g
2. KI의 화학식량: 166.00 g/mol
3. KIO_3의 화학식량: 214.00 g/mol

5 실험 결과 처리

1. 비타민 C의 정량

0.500 g의 비타민 C를 녹여 만든 용액을 적정하기 위하여 사용한 0.0505 M KIO_3 용액의 평균 부피가 17.54 mL이었다면 용액 중에 포함된 비타민 C의 양은 0.468 g이다.

$$\begin{aligned}\text{비타민 C의 양} &= 0.0505\ \text{M} \times 0.01754\ \text{L} \times 3 \times 176.12\ \text{g/mol} \\ &= 0.468\ \text{g}\end{aligned}$$

2. 비타민 C의 순도 계산

$$\begin{aligned}\text{비타민 C의 순도} &= \frac{0.468\ \text{g}}{0.500\ \text{g}} \times 100 \\ &= 93.6\%\end{aligned}$$

따라서 0.500 g의 제품 중에는 0.468 g의 비타민 C가 포함되어 있다.

3. 비타민 C 손실의 정량

0.500 g의 비타민 C를 녹여 만든 용액을 가열한 후, 적정하기 위하여 사용한 0.0505 M KIO_3 용액의 평균 부피가 15.67 mL이었다면 용액 중에 포함된 비타민 C의 양은 0.418 g이다.

$$\begin{aligned}\text{비타민 C의 양} &= 0.0505\ \text{M} \times 0.01567\ \text{L} \times 3 \times 176.12\ \text{g/mol} \\ &= 0.418\ \text{g}\end{aligned}$$

따라서 가열에 의해 손실된 비타민 C의 양은 0.050 g(0.468 g − 0.418 g)이다.

비타민 C의 정량

소속대학 ____________ 실험일자 ____________

학과(학부) ____________ 제출일자 ____________

학　　번 ____________ 담당교수 ____________

성　　명 ____________ 확　　인 ____________

절취선

1. 비타민 C의 정량

	1회	2회	3회
비타민 C의 질량 (g)			
KIO_3의 농도 (M)			
KIO_3의 부피 (mL)			
비타민 C의 몰수 (mol)			
비타민 C의 평균 몰수 (mol)			
비타민 C의 질량 (g)			
비타민 C의 함량 (%)			

계산식

2. 비타민 C 손실의 정량

	1회	2회	3회
비타민 C의 질량 (g)			
KIO_3의 농도 (M)			
KIO_3의 부피 (mL)			
비타민 C의 몰수 (mol)			
비타민 C의 평균 몰수 (mol)			
비타민 C의 질량 (g)			
손실된 비타민 C의 질량 (g)			

계산식

3. 생각해보기

※ 비타민 C는 활성 산소(ROS, reactive oxygen species)에 대한 항산화제(antioxidant)로 작용한다. 이와 관련된 산화-환원 반응에 대하여 기술하여라.

실험 9

표백제의 산화 능력 측정

1 실험 배경

간단하게 말하여 표백(bleach)이란 섬유나 종이 펄프의 셀룰로오스 섬유 내에 물리적, 화학적으로 부착된 유색 화합물을 분해하거나 탈색하는 것이다. 표백제는 크게 염소계와 산소계로 나뉜다. 염소계는 차아염소산 소듐(NaOCl)이 주성분이며, 산소계는 과탄산 소듐($2Na_2CO_3 \cdot 3H_2O_2$)이 표백 작용을 한다. 과탄산 소듐은 탄산 소듐(Na_2CO_3)에 결정수처럼 붙어있는 과산화 수소가 물에 녹아 분해되면서 발생하는 산소가 표백 작용을 일으킨다.

표백제 제품인 Clorox

염소계 표백제에서 차아염소산 소듐은 물에서 가수분해 반응을 하여 수산화 소듐과 차아염소산으로 변한다.

$$NaOCl(aq) + H_2O(l) \rightleftharpoons NaOH(aq) + HOCl(aq)$$

표백에 활성인 형태는 염소(chlorine)가 아니라 해리되지 않은 차아염소산(hypochlorous acid, HOCl)이다. 차아염소산 이온의 산화력은 작지만 차아염소산의 산화력은 과망가니즈산 포타슘($KMnO_4$)보다 크며, 과산화 수소(H_2O_2)의 산화력과 비슷하다. 따라서 표백 능력은 용액의 pH에 의해 결정되며 염소화에 의한 살균은 pH 6 정도에서 가장 이상적이며, 이때 HOCl의 농도가 최적화되고 해리가 최소화된다.

일반적으로 가정에서 옷을 세탁하는데 사용하는 표백제에는 차아염소산 소듐이 약 5% 정도 포함되어 있으며, 물 소독에 사용하는 약품에는 약 12%, 수영장의 소독에 사용되는 소독약에는 약 30% 정도 포함되어 있다.

차아염소산 소듐 또는 관련된 화합물로 인하여 야기되는 조직 손상은 그 물리적 형태나 노출 기간에 따라 경미한 자극에서부터 괴사에 이르기까지 다양하다. 차아염소산 소듐에 대한 노출은 결막, 호흡계 또는 위장관을 자극할 수 있다. 손상은 직접적인 접촉, 차아염소산 소듐의 복용, 염소 가스의 흡입을 통해 일어날 수 있다. 하지만 가정용 표백제에 노출된 경우는 좀처럼 심한 경우가 드물며 의료시설에서 사용되는 차아염소산 소듐으로 인한 사고는 더욱 보기 힘들다.

만약 가정용 표백제가 피부에 노출되어 자극이 있다면 비누와 물로 씻어야 한다. 통증과 자극이 지속되면 의사에게 진료를 받는다. 안구에 노출된 경우 미지근한 세정액으로 최소 15분 동안 반복적으로 세척해야 한다. 만약 자극, 통증, 부종, 눈물, 빛에 눈이 시리다면 안과 검사를 받아야만 한다.

차아염소산은 과량의 KI의 존재 하에 다음 반응과 같이 아이오딘화 이온을 아이오딘으로 산화시킨다.

$$\mathrm{HOCl}(aq) + \mathrm{H}^+(aq) + 2\mathrm{e}^- \rightleftharpoons \mathrm{Cl}^-(aq) + \mathrm{H_2O}(l) \quad E^\circ = +1.49\ \mathrm{V}$$

$$2\mathrm{I}^-(aq) \rightleftharpoons \mathrm{I_2}(s) + 2\mathrm{e}^- \quad E^\circ = -0.54\ \mathrm{V}$$

$$\mathrm{HOCl}(aq) + \mathrm{H}^+(aq) + 2\mathrm{I}^-(aq) \rightleftharpoons \mathrm{I_2}(s) + \mathrm{Cl}^-(aq) + \mathrm{H_2O}(l) \quad E^\circ = +0.95\ \mathrm{V}$$

생성된 아이오딘을 녹말 존재 하에서 $S_2O_3^{2-}$ 표준 용액으로 적정하여 표백제 속에 존재하는 HOCl의 양을 간접적으로 정량할 수 있다.

$$2\mathrm{S_2O_3}^{2-}(aq) \rightleftharpoons \mathrm{S_4O_6}^{2-}(aq) + 2\mathrm{e}^- \quad E^\circ = -0.08\ \mathrm{V}$$

$$\mathrm{I_2}(s) + 2\mathrm{e}^- \rightleftharpoons 2\mathrm{I}^-(aq) \quad E^\circ = +0.54\ \mathrm{V}$$

$$\mathrm{I_2}(s) + 2\mathrm{S_2O_3}^{2-}(aq) \rightleftharpoons 2\mathrm{I}^-(aq) + \mathrm{S_4O_6}^{2-}(aq) \quad E^\circ = +0.46\ \mathrm{V}$$

2 실험 기구 및 시약

250 mL 삼각 플라스크 3개, 250 mL 눈금 실린더 1개, 50 mL 뷰렛 1개, 뷰렛 클램프 1개, 전자 저울, 자석 교반기, 가정용 액상 표백제, 증류수, 0.0500 M $Na_2S_2O_3$ 용액, KI, 1 M H_2SO_4 용액, 녹말 지시약

- 0.0500 M $Na_2S_2O_3$ 용액: 100 mL 부피 플라스크에 0.790 g의 $Na_2S_2O_3$을 넣고 증류수로 녹인 다음 표선까지 증류수를 채운다.
- 1 M H_2SO_4 용액: 100 mL 부피 플라스크에 30 mL의 증류수를 넣고, 얼음 중탕에서 냉각한다. 계속 냉각 상태를 유지하면서 98% H_2SO_4 5.44 mL를 천천히 넣

고 표선까지 증류수를 채운다.

- 녹말 지시약: 1 g의 가용성 녹말을 물 100 mL에 넣고 맑은 용액이 될 때까지 끓인 후 냉각시킨다. 장시간 보관할 경우 1 mg의 방부제인 Hg_2I_2를 넣어준다.

3 실험 과정

실험 1. 표백제의 산화–환원 적정

1. 250 mL 삼각 플라스크에 증류수 150 mL를 넣고 2 g의 KI를 넣어 완전히 용해시킨다.
2. 가정용 액상 표백제 1.00 g을 정확하게 재어 플라스크에 넣고 용해시킨다(**주의** 액상 표백제는 피부나 안구 손상을 가져올 수 있다).
3. 준비된 용액에 1 M H_2SO_4 25 mL를 넣고 녹말 지시약 5 mL를 넣은 후 0.0500 M $Na_2S_2O_3$ 용액으로 푸른색이 무색이 될 때까지 적정한다.
4. 두 번 더 반복하여 평균값을 구하고 액상 표백제에 포함되어 있는 산화제의 산화 능력을 구한다.

4 자료

1. NaOCl의 화학식량: 74.44 g/mol
2. $Na_2S_2O_3$의 화학식량: 158.10 g/mol
3. H_2SO_4: 화학식량 98.08 g/mol, 밀도 1.84 g/mL

5 실험 결과 처리

1. 표백제의 산화–환원 적정: 표백제의 산화 능력

1.00 g의 표백제를 녹여 만든 용액을 적정하기 위하여 사용한 0.0510 M $Na_2S_2O_3$ 용액의 평균 부피가 19.31 mL이었다면 용액 중에 포함된 NaOCl의 양은 0.0367 g이며 산화 능력은 3.67이다.

$$\text{NaOCl의 양} = 0.0510\ \text{M} \times 0.01931\ \text{L} \times \frac{1}{2} \times 74.44\ \text{g/mol}$$

$$= 0.0367\ \text{g}$$

$$\text{산화 능력} = \frac{0.0367\ \text{g}}{1.00\ \text{g}} \times 100 = 3.67$$

표백제의 산화 능력 측정

소속대학 ____________________ 실험일자 ____________________

학과(학부) ____________________ 제출일자 ____________________

학　　번 ____________________ 담당교수 ____________________

성　　명 ____________________ 확　　인 ____________________

1. 표백제의 산화–환원 적정

	1회	2회	3회
표백제의 질량 (g)			
$Na_2S_2O_3$ 용액의 농도 (M)			
$Na_2S_2O_3$ 용액의 부피 (mL)			
표백제의 산화 능력 $\left(\dfrac{\text{g NaOCl}}{\text{g 시료}} \times 100\right)$			

계산식

절취선

2. 생각해보기

※ 표백 이외에도 NaOCl의 용도는 다양하다. NaOCl의 다른 용도에 대하여 기술하고, 관련된 화학 반응에 대해서도 기술하여라.

실험 **10**

Laboratory Experiments for General Chemistry

물의 경도

1 실험 배경

물에 존재하는 Ca^{2+} 이온과 비누 분자가 반응하여 불용성 염이나 응고물을 형성하기 때문에, 센물에서는 비누의 세척 기능이 떨어진다. 1940년 후반에 이 문제를 해결하기 위하여 합성 세제 산업은 수질 개량제 삼폴리인산 소듐(sodium tripolyphosphate)을 도입하였다. 삼폴리인산 이온은 Ca^{2+} 이온과 안정하고 가용성인 착물을 형성하는 아주 효과적인 킬레이트 시약이다. 결국 삼폴리인산 소듐은 합성 세제 산업을 혁신시켰다. 그러나 인산염은 식물의 영양분이기 때문에, 강이나 호수로 방출된 인산염을 포함하는 폐수는 조류를 자라나게 하여, 결과적으로 강이나 호수의 산소 부족 현상을 유발한다. 이런 조건에서 물 속에 사는 거의 모든 생명체는 결국 죽어버린다. 이 과정을 부영양화(eutrophication) 현상이라 한다. 결국 많은 국가들이 1970년 이후 세제용 인산염의 합성을 금지하였다.

탄산 수소 이온(HCO_3^-)을 포함하고 있는 물은 가열하여 Ca^{2+}, Mg^{2+}를 탄산염의 형태로 침전시켜 제거할 수 있으므로 일시적 센물이라고 부른다. 영구적 센물은 $CaCl_2$, $MgSO_4$ 등이 녹아 있는 물로 가열만으로는 단물이 안 된다. 약품(Na_2CO_3) 처리나 이온 교환 수지에 의해 단물로 전환될 수 있다.

$$CaCl_2 + Na_2CO_3 \longrightarrow CaCO_3\downarrow + 2NaCl$$

$$MgSO_4 + Na_2CO_3 \longrightarrow MgCO_3\downarrow + Na_2SO_4$$

물의 경도(hardness)는 물에 존재하는 칼슘과 마그네슘의 총량을 이에 대응하는 탄산 칼슘($CaCO_3$)의 양으로 환산하고 ppm 농도(mg/L)로 표시한다. 물의 경도가 너무 높으면 위에 영향을 주어 설사를 일으키거나 비누의 세정 효과를 저하시키는 문제가 발생하지만, 적당한 경도는 물의 맛을 높여주고 또한 수도관의 부식 방지에 좋은 역할을 한다고 알려져 있다. 우리나라 음용수의 기준 경도는 300 ppm 이하로 정해져 있으며, 실제로는 100 ppm 이하가 좋은 물이다.

두 자리와 여러 자리 리간드는 “갈고리(그리스어, chele)”처럼 금속 원자를 꽉 잡을 수 있는 성질 때문에 킬레이트 시약(chelating agent)이라고 한다. 한 개의 리간드가 한 개의 중심 원자와 두 개 이상의 배위 결합을 하여 생성된 착화합물을 킬레이트(chelate) 화합물이라고 한다. 킬레이트 화합물의 대표적인 리간드로는 EDTA(ethylenediaminetetraacetic acid)를 들 수 있는데 EDTA는 $(HOOCCH_2)_2NCH_2CH_2N(CH_2COOH)_2$의 화학식을 가지며 다음과 같은 구조를 갖는 여섯자리 리간드(hexadentate ligand)이다.

EDTA의 구조

EDTA는 여러 가지 금속 이온과 강한 결합력을 나타낸다. EDTA는 6개의 주개 원자를 가지고 있어 납과 같은 금속 이온과 대단히 안정한 착이온을 형성할 수 있어서, 독성 금속은 이와 같이 착물을 형성하여 혈액과 조직으로부터 제거되면서 인체에서 배설된다. EDTA는 또한 방사능 금속 찌꺼기를 제거하는 데도 사용된다.

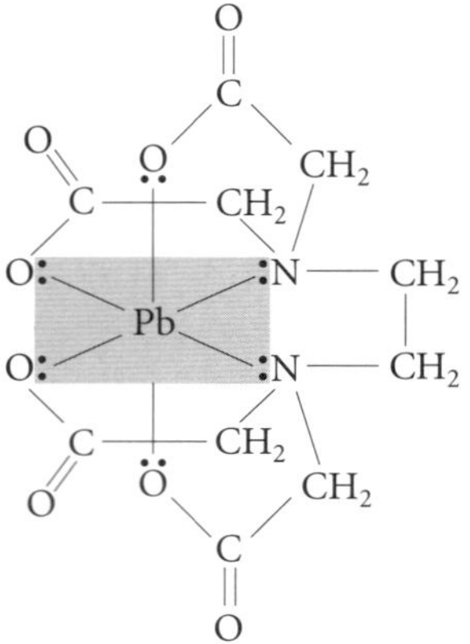

$PbEDTA^{2-}$ 착이온의 구조

또한 EDTA는 4양성자산이며, Mg^{2+}나 Ca^{2+}와 같은 금속 이온과 1:1 반응하여 킬레이트 착이온 $MgEDTA^{2-}$ 또는 $CaEDTA^{2-}$를 형성한다. 그러므로 금속 이온을 함유하는 용액을 EDTA 용액으로 적정하여 첨가된 양으로부터 금속 이온을 정량할 수 있다.

$$Ca^{2+} + EDTA^{4-} \rightleftharpoons CaEDTA^{2-}$$

$$Mg^{2+} + EDTA^{4-} \rightleftharpoons MgEDTA^{2-}$$

EDTA와 금속 이온과의 반응에서 당량점을 찾는 방법에는 여러 가지가 있으나, 가장 많이 사용되는 방법은 금속 지시약을 쓰는 방법이다. 예를 들어 에리오크롬-블랙 T(eriochrome black T(EBT), H_3In로 표시)는 pH 7~11의 염기성에서 마그네슘 이온과 반응하여 붉은색을 나타낸다.

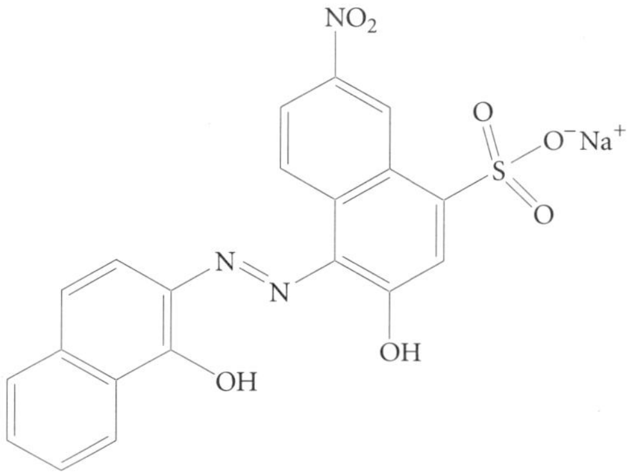

EBT의 구조

이 용액에 EDTA를 떨어뜨리면 EDTA는 먼저 유리 상태로 있는 마그네슘 이온과 반응하고, 종말점 부근에서는 EBT와 결합하고 있는 마그네슘 이온과 반응한다. 종말점에서 용액의 색깔은 붉은색($MgIn^-$)에서 푸른색(유리된 HIn^{2-})으로 변한다.

$$\underset{\text{붉은색}}{\underset{\uparrow}{MgIn^-}} + H_2EDTA^{2-} \longrightarrow MgEDTA^{2-} + \underset{\text{푸른색}}{\underset{\uparrow}{HIn^{2-}}} + H^+$$

따라서 EDTA는 Mg^{2+}, Ca^{2+} 등의 금속을 정량하는데 많이 사용된다. 시료 용액의 pH는 EDTA의 해리 평형을 좌우하며, 킬레이트 착물 형성에도 크게 영향을 주므로 적정할 때에는 용액의 pH를 조정하는 것이 중요하다.

2 실험 기구 및 시약

250 mL 삼각 플라스크 1개, 100 mL 눈금 실린더 1개, 10 mL 눈금 피펫 2개, 50 mL 뷰렛 1개, 뷰렛 클램프 1개, 자석 교반기, 0.0100 M EDTA 소듐염($Na_2H_2EDTA \cdot H_2O$) 표준 용액, 0.0100 M Mg-EDTA 용액, pH 10 완충 용액(NH_4OH/NH_4Cl), EBT 지시약

- 0.0100 M EDTA 표준 용액: 100 mL 부피 플라스크에 0.372 g의 $Na_2H_2EDTA \cdot$

H_2O을 넣고 ~30 mL의 물에 녹인 후 ~30 mL의 물을 추가한다. 용해 속도가 느리기 때문에 30분 이상 걸릴 것이다. 녹지 않은 입자들이 남아 있으면 1 M NaOH 용액 한두 방울을 가하면 잘 녹는다. 완전히 녹인 다음 표선까지 증류수를 채운다. $CaCO_3$으로 표준화한다. 용액은 폴리에틸렌 병에 보관한다.

- 0.0100 M Mg−EDTA 용액: 100 mL 부피 플라스크에 0.315 g의 Mg−EDTA를 넣고 증류수로 녹인 다음 표선까지 증류수를 채운다.
- pH 10 완충 용액(NH_4OH/NH_4Cl): 100 mL 부피 플라스크에 1 g의 NH_4Cl과 3 mL의 15 M NH_4OH(30% 수용액)를 넣고 증류수로 녹인 다음 표선까지 증류수를 채운다.
- EBT 지시약: 100 mL 부피 플라스크에 0.5 g의 에리오크롬−블랙 T를 넣고 소량의 에탄올에 녹인 다음 표선까지 증류수를 채운다(완전히 녹지 않을 경우 여과하여 사용한다).

3 실험 과정

실험 1. 물의 경도 측정

1. 시료로 사용할 수돗물 100.0 mL를 정확하게 측정하여 250 mL 삼각 플라스크에 넣는다.
2. 이 용액에 pH 10 완충 용액 10 mL를 가하고, 0.0100 M Mg−EDTA 용액을 정확히 1.0 mL를 가한다.
3. EBT 지시약을 3~5 방울 가한다.
4. 삼각 플라스크에 있는 용액을 자석 젓개로 잘 저어주면서 0.0100 M EDTA 수용액으로 적정하여 삼각 플라스크의 용액 색깔이 붉은색에서 푸른색으로 변할 때까지 적정을 실시한다.
5. 두 번 더 반복하여 얻은 평균값으로부터 물속에 존재하는 Ca^{2+}와 Mg^{2+}의 총량을 구하고 $CaCO_3$의 질량으로 환산하여 ppm 단위로 물의 경도를 보고한다.

참고.

1. **EDTA 용액의 표준화**

   $CaCO_3$를 110°C에서 일정한 질량이 될 때까지 건조시킨 다음, 1 g을 정확히 질량을 측정하여 되도록 소량의 묽은 HCl에 용해시키고, CO_2 기체 발생이 끝나면 가열하여 완전히 녹인다. 공기 중에 방치하여 냉각한 후 증류수를 가하여 정확하게 1 L로 만들어 표준 용액으로 사용한다. 이 용액을 정확하게 20~25 mL 취하고 물을 가하여 50~60 mL로 만든 후, NH_4Cl/NH_4OH 완충 용액(pH 10) 1 mL, EBT 지시약 2~3 방울을 가한 후 EDTA 표준 용액으로 적정하여 붉은색에서 푸른색으로 변할 때까지 적정을 실시한다.

4 자료

1. EDTA의 화학식량: 292.24 g/mol
2. $Na_2H_2EDTA \cdot H_2O$의 화학식량: 372.24 g/mol
3. Mg-EDTA의 화학식량: 314.53 g/mol
4. $CaCO_3$의 화학식량: 100.09 g/mol
5. EBT의 화학식량: 461.381 g/mol

5 실험 결과 처리

물의 경도는 물에 존재하는 칼슘과 마그네슘의 총량을 이에 대응하는 탄산 칼슘의 양으로 환산하고 ppm 농도로 표시한다.

만약 실험에서 수돗물 100.0 mL를 적정하기 위하여 사용된 0.0100 M EDTA 용액의 평균 부피가 15.30 mL이었다면 물에 존재하는 2가 양이온들(Ca^{2+}와 Mg^{2+})의 농도는 1.53×10^{-3} M이다.

$$nMV = n'M'V'$$
$$1 \times M \times 100.0\ \text{mL} = 1 \times 0.0100\ \text{M} \times 15.30\ \text{mL}$$
$$M = 1.53 \times 10^{-3}\ \text{M}$$

$CaCO_3$의 화학식량은 100.09 g/mol이므로 수돗물 1000 mL 속에 존재하는 $CaCO_3$의 양은 0.153 g이다. 따라서 물의 경도는 153 ppm이다.

$$\begin{aligned} CaCO_3\text{의 양} &= 1.53 \times 10^{-3}\ \text{mol/L} \times 100.09\ \text{g/mol} \\ &= 0.153\ \text{g/L} \\ &= 153\ \text{mg/L} \\ &= 153\ \text{ppm} \end{aligned}$$

물의 경도

소속대학		실험일자	
학과(학부)		제출일자	
학 번		담당교수	
성 명		확 인	

1. 물의 경도

	1회	2회	3회
수돗물의 부피 (mL)			
EDTA의 농도 (M)			
EDTA의 부피 (mL)			
Ca^{2+}와 Mg^{2+}의 전체 농도 (M)			
Ca^{2+}와 Mg^{2+}의 전체 평균 농도 (M)			
$CaCO_3$으로 환산된 질량 (g)			
물의 경도 ($CaCO_3$의 ppm)			

계산식

절취선

2. 생각해보기

※ 일시적인 센물을 단물로 전환하기 위하여 가열, 침전제 첨가, 이온 교환 수지 통과와 같은 과정을 거친다. 각 과정에서 Ca^{2+} 이온을 제거하는 단계의 화학 반응을 기술하여라.

실험 11

Laboratory Experiments for General Chemistry

산소 기체의 포집: 수상 치환

1 실험 배경

대부분의 경우 화학 실험에서는 순수 기체 물질의 거동에 관해서 중점적으로 다룬다. 하지만 연구 실험에서 종종 기체 혼합물을 다루게 된다. 예를 들어, 공기의 성분을 연구할 때 여러 가지 기체를 함유하고 있는 공기의 압력–부피–온도 관계에 관심을 가지게 된다. 이 경우와 기체 혼합물을 포함하는 모든 경우에서, 기체의 전체 압력(total pressure)은 부분 압력(partial pressure), 즉 혼합물 속 기체 성분들 각각의 압력과 관계가 있다. 1801년 Dalton은 오늘날 Dalton의 부분 압력 법칙이라고 알려진 법칙, 즉 "기체 혼합물의 전체 압력은 각 기체가 그 자신만 존재할 때 나타내는 압력의 합과 같다."라는 법칙을 수식으로 나타내었다.

두 기체 A와 B가 부피 V인 용기 속에 들어 있는 경우를 생각해 보자. 기체 A에 의한 압력은 이상 기체 방정식에 따라 다음과 같다.

$$P_A = \frac{n_A RT}{V}$$

여기서 n_A는 존재하는 A의 몰수이다. 유사하게 B에 의한 압력은 다음과 같다.

$$P_B = \frac{n_B RT}{V}$$

그리고 기체 A와 B의 혼합물에 있어서, 전체 압력 P_T는 두 유형의 분자 A와 B가 용기의 벽과 충돌할 때 생긴 결과이다. 따라서 Dalton의 법칙에 따르면 다음 관계식이 성립된다.

$$\begin{aligned} P_T &= P_A + P_B \\ &= \frac{n_A RT}{V} + \frac{n_B RT}{V} \end{aligned}$$

$$= (n_A + n_B)\frac{RT}{V}$$

$$= \frac{nRT}{V}$$

여기서 n은 $n = (n_A+n_B)$에 의해 얻은 기체의 총 몰수이며, P_A와 P_B는 각각 A와 B의 부분 압력이다. 혼합 기체에 있어서 P_T는 존재하는 기체의 총 몰수에만 의존하고, 기체 분자의 성질에는 의존하지 않는다.

일반적으로, 기체 혼합물의 전체 압력은 다음과 같다.

$$P_T = P_1 + P_2 + P_3 + \cdots$$

여기서 P_1, P_2, P_3, …은 성분 1, 2, 3, …의 부분 압력이다. 각 부분 압력이 전체 압력과 어떤 관계가 있는지 살펴보기 위해, 두 기체 A와 B의 혼합물의 경우를 다시 생각해 보자. P_A를 P_T로 나누면 다음과 같은 식이 얻어진다.

$$\frac{P_A}{P_T} = \frac{\frac{n_A RT}{V}}{\frac{nRT}{V}}$$

$$= \frac{n_A}{n}$$

$$= X_A$$

여기서 X_A는 기체 A의 몰 분율(mole fraction)이라 한다. 몰 분율은 존재하는 모든 성분의 몰수에 대한 한 성분의 몰수의 비로 표현되는 차원이 없는 양이다. 일반적으로 혼합물 중 성분 i의 몰분율은 다음과 같다.

$$X_i = \frac{n_i}{n_T}$$

여기서 n_i와 n_T는 각각, 성분 i의 몰수와 존재하는 모든 성분의 몰수이고, 몰 분율은 항상 1보다 작거나 같다. A의 부분 압력은 다음과 같이 나타낼 수 있다.

$$P_A = X_A P_T$$

이와 유사하게 B의 부분 압력도 다음과 같이 나타낼 수 있다.

$$P_B = X_B P_T$$

기체 혼합물에 대한 몰 분율의 합은 1이 되어야 함에 유의하여라. 만일 성분이 두 가지밖에 없다면, 다음과 같은 관계식이 성립된다.

$$X_A + X_B = 1$$

$$X_A P_T + X_B P_T = P_T$$

만일 둘 이상의 기체를 포함한 경우라면, i번째 성분의 부분 압력은 전체 압력과 다음과 같은 관계가 성립된다.

$$P_i = X_i P_T$$

Dalton의 부분 압력 법칙은 수상 포집된 기체의 부피를 계산하는 데 유용하다. 예를 들면, 염소산 포타슘($KClO_3$)을 소량의 이산화 망가니즈(MnO_2)의 존재 하에 가열하면 KCl과 O_2로 분해된다.

$$2KClO_3(s) \longrightarrow 2KCl(s) + 3O_2(g)$$

그림에서 보는 바와 같이 산소 기체를 수상 포집한다. 거꾸로 세운 병 속에 물을 가득 채운다. 산소가 발생하면, 기포는 병의 위쪽으로 올라가고 물이 빠져 나온다. 이와 같은 기체 포집 방법은 기체가 물과 반응하지 않고 물에 거의 녹지 않을 경우에 사용한다. 따라서 산소 기체에 대해서는 좋은 방법이지만, 물에 잘 녹는 NH_3와 같은 기체들은 수상 포집이 불가능하다. 하지만 수상 치환으로 포집된 산소는 증기 압력에 의한 수증기의 존재로 인하여 순수하지는 않다. 따라서 기체의 전체 압력은 산소와 수증기에 의한 각각의 부분 압력의 합과 같다.

$$P_T = P_{O_2} + P_{H_2O}$$

결과적으로, 발생된 O_2의 양을 계산할 때 수증기 때문에 생긴 압력을 고려해야 한다. 실험 온도에서의 물의 증기 압력만큼의 압력을 보정하여 Dalton의 부분 압력의 법칙을 사용하여 물 위에서 포집된 기체의 양을 계산할 수 있다.

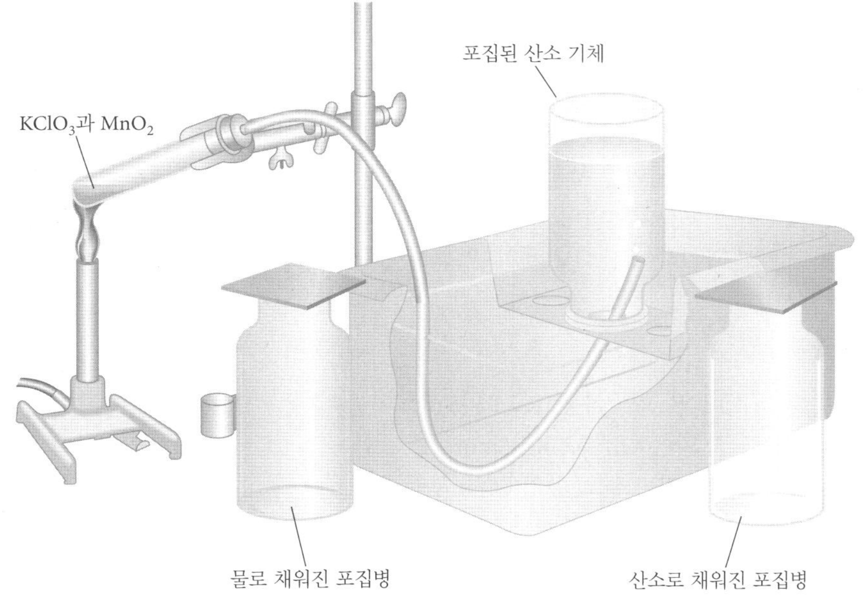

수상 치환에 의한 기체의 포집

2 실험 기구 및 시약

1 L 집기병 2개, 시험관 1개, 고무마개 2개, 5 L 수조 1개, 알코올 온도계 1개, 유리판 2개, 증발 접시 1개, 도가니 1개, 핀치 클램프 1개, 유리관 3개, 고무관, 스탠드, 클램프, 알코올 램프, 전자 저울, 염소산 포타슘($KClO_3$), 이산화 망가니즈(MnO_2)

3 실험 과정

1. 그림과 같이 기체 발생 장치를 만든다.
2. 사용할 시약인 $KClO_3$와 MnO_2를 도가니에 넣어 가열하여 수분을 제거하거나 105°C 오븐에서 24시간 방치하여 완전히 건조한다.
3. 2.000 g의 건조된 $KClO_3$와 0.200 g의 MnO_2를 시험관에 넣고 전체의 질량을 측정한 후 기체 발생 장치에 다시 연결한다.
4. 알코올 램프를 사용하여 시험관 전체를 서서히 가열하기 시작하면 산소가 발생하며 발생된 산소의 양만큼 집기병의 물이 수조로 밀려나오게 된다(집기병 대신 1 L 눈금 실린더를 사용하면 기체의 부피를 직접 측정할 수 있다).
5. 밀려나온 물의 양이 500~800 mL가 되면 가열을 멈추고 시험관이 실온으로 식을 때까지 기다린다.
6. 집기병에 남아 있는 물의 부피를 측정하여 집기병 전체 부피에서 물의 부피를 빼서 발생한 기체의 부피를 계산한다.
7. 시험관의 질량을 측정하여 반응한 $KClO_3$의 양을 결정한다.
8. 현재의 대기압과 집기병에 담긴 물의 온도를 측정하여 기록한다.

4 주의

1. 기체 발생 장치: 그림과 같이 시험관과 고무마개, 유리관의 연결 부분 등을 확실히 밀봉한 후 연결 부분으로 기체가 새지 않는지 확인한다.
2. 격렬하게 가열하여 반응이 빠르면 장치가 폭발할 수가 있으므로 가열할 때 서서히 가열하여 산소 기체의 발생 속도를 느리게 조절해야 한다.

5 자료

1. $KClO_3$의 화학식량: 122.55 g/mol
2. O_2의 화학식량: 32.00 g/mol
3. 온도에 따른 물의 증기 압력: 부록 참조
4. 기체 상수 $R = 0.0820574$ atm • L/mol • K

6 실험 결과 처리

1. 기체 상수 R의 계산

2.000 g의 $KClO_3$이 열분해되어 22.0°C, 762 mmHg에서 0.952 g의 질량 변화가 생겼으며 측정한 기체의 부피가 715 mL이었다.

- 산소 기체의 몰수 $= \dfrac{0.952\ \text{g}}{32.00\ \text{g/mol}} = 0.0298\ \text{mol}$

22.0°C에서 물의 증기 압력은 19.8 mmHg이고, 대기압은 762 mmHg로 측정이 되었으므로 다음과 같이 R을 계산할 수 있다.

- 산소 기체의 부분 압력 $= \dfrac{(762.0 - 19.8)\text{mmHg}}{760.0\ \text{mmHg}} = 0.977\ \text{atm}$
- 산소 기체의 부피 = 715 mL = 0.715 L
- 물의 온도 = 273.15 + 22.0°C = 295.15 K

$$R = \frac{PV}{nT} = \frac{0.977\ \text{atm} \times 0.715\ \text{L}}{0.0298\ \text{mol} \times 295.15\ \text{K}} = 0.0846\ \text{atm} \cdot \text{L/mol} \cdot \text{K}$$

산소 기체의 포집: 수상 치환

소 속 대 학 ____________ 실 험 일 자 ____________
학과(학부) ____________ 제 출 일 자 ____________
학 번 ____________ 담 당 교 수 ____________
성 명 ____________ 확 인 ____________

1. 산소 기체의 포집: 수상 치환

$KClO_3$의 질량 (g)		발생한 산소의 부피 (L)	
MnO_2의 질량 (g)		대기압 (atm)	
가열 전 시료 시험관의 전체 질량 (g)		물의 온도 (°C)	
가열 후 시료 시험관의 전체 질량 (g)		물의 증기 압력 (atm)	
발생한 산소의 질량 (g)		산소의 부분 압력 (atm)	
발생한 산소의 몰수 (mol)		기체 상수 (atm · L/mol · K)	

산소의 몰수 계산식

산소의 부분 압력 계산식

기체 상수 계산식

절취선

2. 생각해보기

※ 실제 기체에 대한 van der Waals 식으로부터 이상 기체와 실제 기체의 차이에 대하여 논하여라.

....

....

....

....

....

....

....

실험 12

Laboratory Experiments for General Chemistry

증발: 물의 증기 압력

1 실험 배경

액체 상태에 있는 분자는 고체에서처럼 격자 속에서 고정되어 있는 상태가 아니다. 이 분자들은 기체 분자처럼 완전히 자유롭지는 않지만 일정하게 운동하고 있다. 액체 상태의 분자가 액체 표면으로부터 벗어나기에 충분한 에너지를 가지게 되면 상변화가 일어난다. 증발(evaporation) 또는 기화(vaporization)는 액체가 기체로 전이되는 과정을 말한다. 온도가 높을수록 운동 에너지가 커지기 때문에 더 많은 분자가 액체로부터 이탈할 수 있다.

액체가 기화될 때, 기화되는 기체 분자는 증기 압력(vapor pressure)을 나타낸다. 분자가 액체 상태를 떠나면서 증기상이 형성되고, 상당량의 증기가 존재하게 되면 증기 압력을 측정할 수 있다. 그러나 기화 과정이 무한정 계속되는 것이 아니라 동적인 평형 상태까지 진행된다. 초기에는 증발이 우선적으로 일어나지만, 액체 위의 공간에 있는 증기상의 분자들이 농도가 증가하면서 응축되어 다시 액체상으로 되돌아가게 된다. 응축(condensation)은 기체상에서 액체상으로의 변화를 말하는데, 분자가 액체 표면에 충돌할 때 액체의 분자간 힘에 의해 붙잡히기 때문에 일어나는 현상이다. 일정한 온도에서 증발과 응축은 동적 평형(dynamic equilibrium) 상태이다. 평형 증기 압력(equilibrium vapor pressure)은 응축과 증발 사이에 동적 평형이 존재할 때 측정된 증기 압력을 말한다.

액체에서 액체 1몰을 기화시키는 데 필요한 에너지로 정의되는 몰 기화열(molar heat of vaporization, ΔH_{vap})은 분자간 힘의 세기의 척도로 사용된다. 몰 기화열은 액체에 존재하는 분자간 힘의 세기에 연관되어 있다. 분자간 인력이 강하면 액체상에서 분자를 자유롭게 이탈시키는 데 많은 에너지를 필요로 한다. 결과적으로 액체는 낮은 증기 압력과 높은 몰 기화열을 갖게 될 것이다.

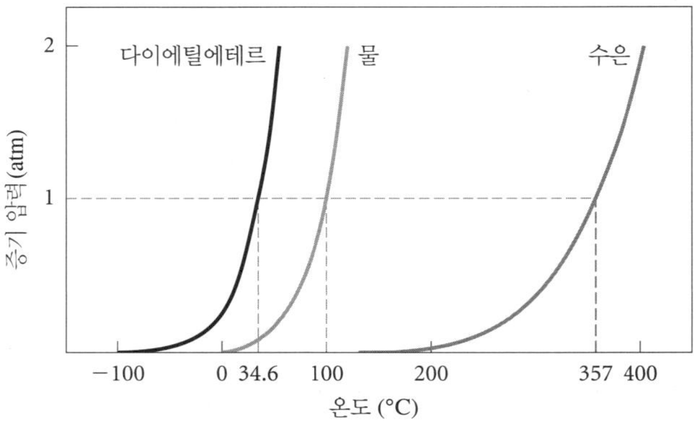

온도에 따른 액체의 평형 증기압

어떤 액체의 증기 압력 P와 절대 온도 T 사이의 정량적인 관계는 다음과 같은 Clausius−Clapeyron 식으로 주어진다.

$$\ln P = -\frac{\Delta H_{vap}}{RT} + C$$

여기서 ln은 자연 로그이며, R은 기체 상수(8.314 J/K • mol), C는 상수를 나타낸다. 여러 온도에서 액체의 증기 압력을 측정해서 ln$P$ 대 $\frac{1}{T}$을 도시하면 그 기울기가 $-\frac{\Delta H_{vap}}{R}$이 된다(단, ΔH_{vap}는 주어진 온도 구간에서 온도에 무관하다).

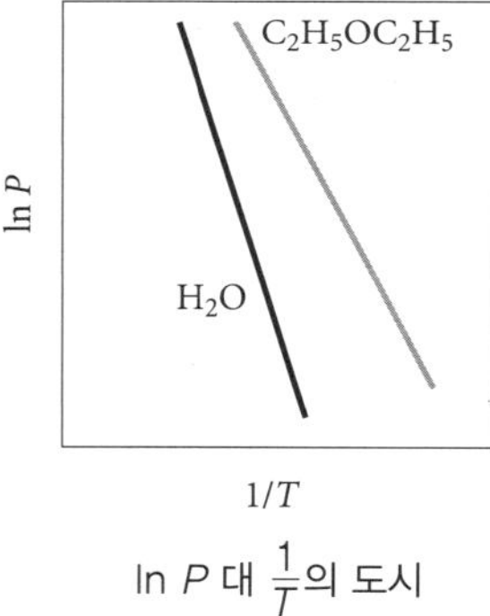

ln P 대 $\frac{1}{T}$의 도시

일반적으로 2개의 온도에서 측정된 액체의 증기 압력을 이용하여 물질의 몰 기화열을 측정할 수 있다. 식은 Clausius−Clapeyron 식을 변형하여 다음과 같이 얻어진다.

$$\ln P_2 - \ln P_1 = \frac{-\Delta H_{vap}}{R}\left(\frac{1}{T_2} - \frac{1}{T_1}\right)$$

액체의 몰 기화열

물질	끓는점 (°C)	ΔH_{vap} (kJ/mol)
Argon (Ar)	−186	6.3
Benzene (C_6H_6)	80.1	31.0
Diethyl ether ($C_2H_5OC_2H_5$)	34.6	26.0
Ethanol (C_2H_5OH)	78.3	39.3
Mercury (Hg)	357	59.0
Methane (CH_4)	−164	9.2
Water (H_2O)	100	40.79

이 실험에서 우리는 간단한 장치를 이용하여 각 온도에서 물의 증기 압력을 측정할 것이다. Dalton의 부분 압력의 법칙에 의해 수증기로 포화된 실린더 속의 공기에 대하여 다음과 같이 기술할 수 있다.

$$P_{\text{대기}} = P_{\text{공기}} + P_{H_2O} \qquad (1)$$

이때 $P_{\text{대기}}$는 대기압이며, $P_{\text{공기}}$는 실린더 속 공기의 부분 압력이고, P_{H_2O}는 실린더 속 수증기의 부분 압력이다. 실험 과정에서 온도에 따른 공기의 용해도를 무시한다면 실린더 속 공기의 질량은 정해져 있다. 만약 5°C 이하에서 물의 증기 압력을 무시한다면, 공기의 몰수는 이상 기체 방정식을 이용하여 다음과 같이 얻을 수 있다.

$$n_{\text{공기}} = \frac{PV}{RT} \qquad (2)$$

5°C 이상에서 $P_{\text{공기}}$는 다음과 같이 이상기체 방정식으로 표현할 수 있다.

$$P_{\text{공기}} = \frac{n_{\text{공기}}RT}{V} \qquad (3)$$

각 온도에서 얻은 부피와 대기압을 이용하여 정해진 공기의 몰수로부터 식 (2)를 이용하여 $n_{\text{공기}}$를 구한 후, 식 (3)으로부터 공기의 부분 압력을 얻는다. 그런 후에 식 (1)로부터 물의 증기 압력을 계산할 수 있다.

2 실험 기구 및 시약

10 mL 눈금 실린더 1개, 2 L 비커 1개, 가열판, 온도계, 시험관 집게, 스탠드, 클램프, 기압계, 증류수

3 실험 과정

실험 1. 물의 증기 압력의 측정

1. 2 L 비커에 증류수를 반쯤 채운다.
2. 10 mL 눈금 실린더의 90% 정도를 증류수로 채운다.
3. 손가락으로 눈금 실린더의 입구를 막고 2 L 비커에 거꾸로 세운다. 시험관 집게와 클램프를 이용하여 수직으로 스탠드에 고정시킨다. 3~4 mL 정도의 공기가 실린더 속에 존재해야만 한다.
4. 2 L 비커에 증류수를 거의 채운다.
5. 비커를 가열판에서 가열하여 80°C 정도 되게 한다.
6. 가열을 멈추고, 특정 온도가 되면 눈금 실린더의 기체 부분의 부피를 측정한다.
7. 수온이 ~50°C 정도까지 10°C 간격으로 측정한다.
8. 얼음을 이용하여 수온을 5°C 이하로 낮춘 후 기체 부분의 부피를 측정한다.
9. 대기압을 측정한다.
10. 각 온도에서의 물의 부분 압력을 구한다.
11. 자료로부터 물의 몰 증발열을 계산한다.

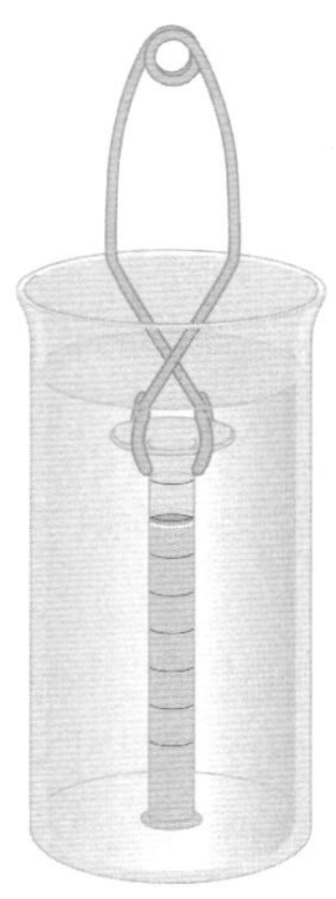

물의 증기 압력 측정

4 자료

1. 물의 몰 기화열: 40.79 kJ/mol
2. 물의 분자량: 18.02 g/mol
3. 기체 상수 R: 0.0820574 atm • L/mol • K 또는 8.31447 J/mol • K
4. 절대 온도 = 섭씨 온도 + 273.15

5 실험 결과 처리

1. 실험 결과로부터 다음과 같은 자료를 얻었다.

온도(°C)	측정한 기체의 부피 (mL)	대기압 (mmHg)
80	8.25	760.0
70	6.16	760.0
60	5.16	760.0
50	4.58	760.0
5	3.46	760.0

2. 식 (2)와 5°C의 자료로부터 $n_{공기}$를 계산하면, $n_{공기} = 1.517 \times 10^{-4}$ mol이다.

$$n_{공기} = \frac{PV}{RT} = \frac{1 \text{ atm} \times 0.00346 \text{ L}}{0.082 \text{ atm} \cdot \text{L/mol} \cdot \text{K} \times 278.15 \text{ K}} = 1.517 \times 10^{-4} \text{ mol}$$

3. 식 (3)과 자료로부터 각 온도에서의 공기의 부분 압력을 계산한다. 80°C의 결과로부터 다음과 같이 $P_{공기} = 0.532$ atm이다.

$$P_{공기} = \frac{n_{공기}RT}{V} = \frac{1.517 \times 10^{-4} \text{ mol} \times 0.082 \text{ atm} \cdot \text{L/mol} \cdot \text{K} \times 353.15 \text{ K}}{0.00825 \text{ L}}$$

$$= 0.532 \text{ atm}$$

식 (1)을 이용하여 대기압으로부터 공기의 부분 압력을 빼주면 수증기의 부분 압력을 얻을 수 있다.

온도 (°C)	기체의 부피 (mL)	공기의 몰수 (mol)	공기의 부분 압력 (atm)	수증기의 부분 압력 (atm)
80	8.25	0.0001517	0.532	0.468
70	6.16	0.0001517	0.693	0.307
60	5.16	0.0001517	0.803	0.197
50	4.58	0.0001517	0.878	0.122
5	3.46	0.0001517	~1.000	0

4. 3의 자료로부터 각 온도에서의 수증기의 부분 압력에 대한 자연 로그값($\ln P$)과 온도의 역수($\frac{1}{T}$)를 다음과 같이 얻을 수 있다. $\ln P$ 대 $\frac{1}{T}$의 도시로부터 물의 몰 기화열 ΔH_{vap}를 얻을 수 있다.

온도 (°C)	수증기의 부분 압력 (atm)	$\frac{1}{T}$(K^{-1})	ln*P*
80	0.468	0.0028317	−0.75929
70	0.307	0.0029142	−1.1809
60	0.197	0.0030017	−1.6246
50	0.122	0.0030945	−2.1037

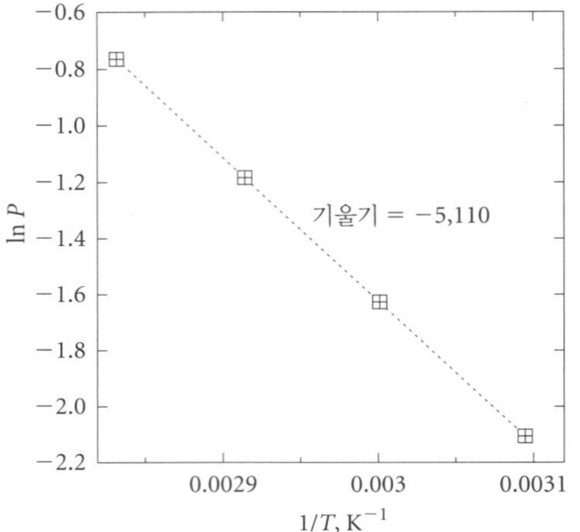

$$기울기 = -\frac{\Delta H_{vap}}{R} = -5{,}110\ \text{K}$$

$$\Delta H_{vap} = 5{,}110\ \text{K} \times 8.31447\ \text{J/mol} \cdot \text{K} = 42{,}500\ \text{J/mol} = 42.5\ \text{kJ/mol}$$

증발: 물의 증기 압력

소속대학		실험일자	
학과(학부)		제출일자	
학 번		담당교수	
성 명		확 인	

1. 물의 증기 압력의 측정

온도 (°C)	기체의 부피 (mL)	대기압 (atm)

2. 수증기의 부분 압력 및 ln P 대 $\frac{1}{T}$의 도시 자료

온도(°C)	기체의 부피 (mL)	공기의 몰수 (mol)	공기의 부분 압력 (atm)	수증기의 부분 압력 (atm)	$\frac{1}{T}$ (K^{-1})	ln$P$

절취선

3. ΔH_{vap}의 계산

- 그래프의 기울기:
- ΔH_{vap}:

4. 생각해보기

※ 분자간 인력이 물질의 끓는점에 미치는 영향에 대하여 논하여라.

실험 13

열화학 반응

1 실험 배경

대부분의 화학 반응은 일정 압력(대기압) 조건에서 일어난다. 일정 압력 조건에서 반응이 진행되어 기체의 몰수가 증가하면, 계는 주위에 일을 한다(팽창). 반대로 생성된 기체의 몰수보다 소비된 기체의 몰수가 많으면 주위가 계에 일을 한다(압축). 또한 반응물에서 생성물로 될 때 기체의 몰수가 변하지 않으면 일은 행해지지 않는다.

일반적으로, 일정 압력 과정에 대하여 다음과 같은 관계식이 성립한다.

$$\Delta E = q + w = q_{\mathrm{p}} - P\Delta V$$

또는

$$q_{\mathrm{p}} = \Delta E + P\Delta V$$

이때 아래 첨자 "p"는 일정 압력 조건을 나타낸다.

엔탈피(enthalpy, H)라는 계의 새로운 열역학적 함수를 도입하면, 엔탈피는 다음 식으로 정의한다.

$$H = E + PV$$

여기서 E는 계의 내부 에너지이고, P와 V는 각각 계의 압력과 부피이다. E와 PV는 에너지 단위를 가지기 때문에, 엔탈피도 에너지 단위를 가진다. 또한 E, P, V는 모두 상태 함수이기 때문에, $(E + PV)$의 변화는 초기 상태와 최종 상태에만 의존한다. 따라서 H의 변화, 즉 ΔH 또한 오직 초기 상태와 최종 상태에만 의존한다. 결국 H는 상태 함수이다.

어떤 과정에 대하여, 엔탈피 변화는 다음과 같다.

$$\Delta H = \Delta E + \Delta(PV)$$

만약 압력이 일정하게 유지되면, 엔탈피 변화는 다음과 같다.

$$\Delta H = \Delta E + P\Delta V$$

따라서 일정 압력 과정에서 $q_p = \Delta H$임을 알 수 있다. q가 상태 함수가 아니더라도 일정 압력에서의 열 변화는 ΔH와 같다.

일정 부피에서 반응이 일어나면 열 변화 q_v는 ΔE와 같다. 한편 반응이 일정 압력 하에서 이루어지면 열 변화 q_p는 ΔH와 같다.

대부분의 반응들은 일정 압력 과정이기 때문에 대부분의 경우에 열 변화는 엔탈피 변화로 나타낼 수 있다. 다음과 같은 종류의 모든 반응에 대해서,

$$\text{반응물} \longrightarrow \text{생성물}$$

반응 엔탈피(ΔH, enthalpy of reaction)라 불리는 엔탈피의 변화는 생성물의 엔탈피와 반응물의 엔탈피의 차이로서 정의한다.

$$\Delta H = H(\text{생성물}) - H(\text{반응물})$$

반응 엔탈피는 그 과정에 따라 양의 값 또는 음의 값이 될 수 있다. 흡열 과정(주위로부터 계가 열을 흡수하는 과정)에 대한 ΔH는 양($\Delta H > 0$)이고, 발열 과정(계에서 주위로 열이 방출되는 과정)에 대한 ΔH는 음($\Delta H < 0$)이다.

1. 일정 부피 열계량법

연소열은 대개 일정 부피 봄열량계라고 불리는 강철 용기에 질량을 알고 있는 시료를 넣고 약 30 atm의 산소로 채워 측정한다. 밀폐된 봄(bomb)은 그림에서처럼 부피를 알고 있는 물 속에 잠겨 있다.

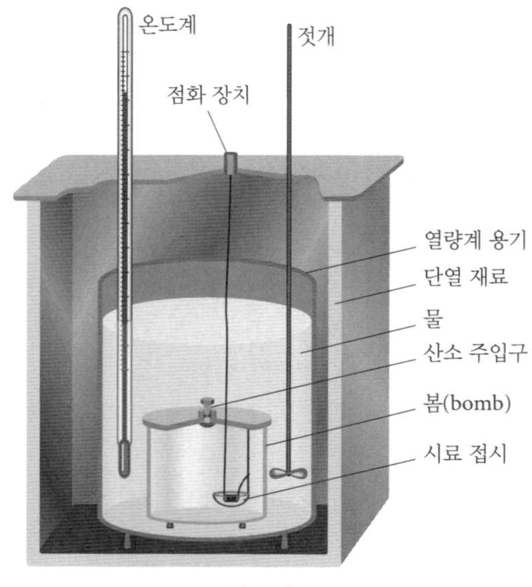

봄 열량계

시료는 전기적으로 점화되는데, 연소 반응에서 생성된 열은 물의 온도 변화를 측정함으로써 정확하게 계산할 수 있다. 시료에서 방출되는 열은 물과 봄이 흡수한다. 봄열량계는 열량을 측정하는 동안 주위에 열(또는 질량)을 잃지 않도록 특별하게 설계되어 있다. 그러므로 봄열량계와 이 열량계가 잠겨 있는 물을 고립계라고 할 수 있다. 반응 과정에서 열의 출입이 없기 때문에, 계의 열 변화(q_{sys})는 0이어야 한다. 이것을 식으로 쓰면 다음과 같다.

$$q_{sys} = q_{cal} + q_{rxn} = 0$$

여기서 q_{cal}와 q_{rxn}은 각각 열량계와 반응에 대한 열 변화이다.

$$q_{rxn} = -q_{cal}$$

q_{cal}을 계산하기 위해서, 열량계의 열용량(C_{cal})과 온도 변화(Δt)를 알아야 한다.

$$q_{cal} = C_{cal}\Delta t$$

봄열량계에서의 반응이 일정 압력 조건이 아니라 일정 부피 조건에서 일어나기 때문에, 열 변화는 엔탈피 변화 ΔH가 아니라 내부 에너지 변화 ΔE이다. 측정한 열 변화를 해당되는 반응의 ΔH 값으로 보정할 수 있다.

2. 일정 압력 열계량법

일정 부피 열량계보다 훨씬 더 간단한 장치인 일정 압력 열량계는 비연소 반응의 열량 변화를 측정하는 데 사용된다. 그림과 같이 두 개의 스티로폼 컵으로 간이 일정 압력 열량계를 만들 수 있다.

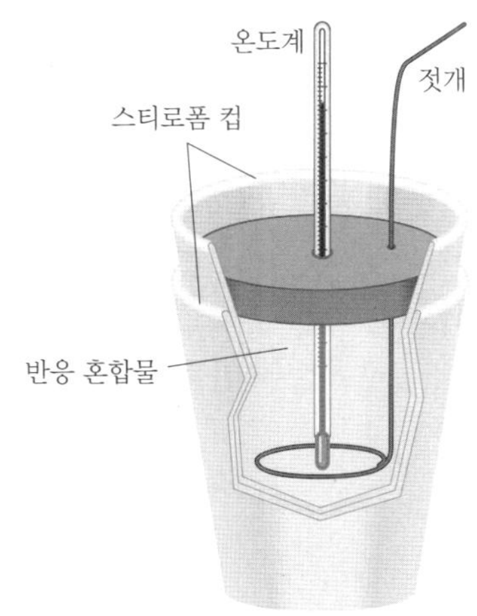

컵 열량계

이러한 열량계는 용해열, 묽힘열, 산-염기 중화열 등 여러 가지 반응에서의 열 변화를 측정하는 데 사용할 수 있다. 압력이 일정하므로, 이 과정에 대한 열량 변화(q_{rxn})

는 엔탈피 변화(ΔH)와 동일하다. 일정 부피 열량계와 마찬가지로, 열량계를 고립계로 간주한다. 또한 스티로폼 컵의 작은 열용량은 무시하고 계산한다.

많은 화학 반응은 과량의 열을 방출하거나 독성 물질을 생성하기 때문에 실험실에서 직접적으로 모든 반응의 반응 엔탈피를 측정하기는 어렵다. 하지만 Hess의 법칙을 적용하여 주어진 반응을 여러 단계 반응으로 나누어서 필요한 단계의 열량 변화를 측정함으로써 주어진 반응에 대한 반응 엔탈피를 간접적으로 계산할 수 있다.

고체 수산화 소듐과 염산과의 중화 반응을 반응식으로 나타내면 다음과 같고, 여기서 ΔH_1은 이 반응의 반응 엔탈피이다.

$$NaOH(s) + H^+(aq) + Cl^-(aq) \longrightarrow H_2O(l) + Na^+(aq) + Cl^-(aq) \qquad \Delta H_1 \quad (1)$$

이 반응은 아래와 같이 두 단계로 나누어서 일어나게 할 수 있다. 즉, 고체 수산화 소듐을 물에 녹여 NaOH 수용액을 만들고 이것을 염산으로 중화한다.

$$NaOH(s) \longrightarrow Na^+(aq) + OH^-(aq) \qquad \Delta H_2 \quad (2)$$

$$Na^+(aq)+OH^-(aq)+H^+(aq)+Cl^-(aq) \longrightarrow H_2O(l)+Na^+(aq)+Cl^-(aq) \qquad \Delta H_3 \quad (3)$$

여기서 ΔH_2 및 ΔH_3는 각각 두 반응에 대한 반응 엔탈피이다. 반응식 (2)와 (3)을 더하면 반응식 (1)이 된다. 따라서 각 반응열 사이에서도 다음과 같은 관계가 성립한다.

$$\Delta H_1 = \Delta H_2 + \Delta H_3 \qquad (4)$$

2 실험 기구 및 시약

250 mL 비커 1개, 100 mL 눈금 실린더 2개, 온도계 2개, 스티로폼 컵(보온용) 6개, 골판지, 전자 저울, 자석 교반기, 증류수, NaOH, 0.50 M NaOH 용액, 0.25 M과 0.50 M HCl 용액

- 0.50 M NaOH 용액: 250 mL 부피 플라스크에 5.21 g의 96% NaOH를 넣고 증류수로 녹인 다음 표선까지 증류수를 채운다.
- 0.50 M HCl 용액: 250 mL 부피 플라스크에 10.42 mL의 37% HCl을 넣고 표선까지 증류수를 채운다.
- 0.25 M HCl 용액: 250 mL 부피 플라스크에 125 mL 0.50 M HCl을 넣고 표선까지 증류수를 채운다.

3 실험 과정

실험 1. $NaOH(s) + H^+(aq) + Cl^-(aq) \longrightarrow$ $H_2O(l) + Na^+(aq) + Cl^-(aq)$의 반응 엔탈피

1. 스티로폼 컵의 질량을 0.001 g까지 측정한 후 250 mL 비커 속에 넣는다.

2. 여기에 0.25 M 염산 용액 200.00 mL를 넣은 다음 온도(t_i)를 0.1°C까지 측정한다.
3. 2.000 g의 고체 수산화 소듐 알갱이를 0.001 g까지 가능한 한 빨리 질량을 측정하여 플라스크에 넣고 흔들어서 잘 녹인 다음 이 용액의 최고 온드(t_f)를 기록한다.
4. 중화된 용액을 포함하는 스티로폼 컵의 질량을 재서 기록한다.

실험 2. $NaOH(s) \longrightarrow Na^+(aq) + OH^-(aq)$의 반응 엔탈피

1. 실험 1에서와 같은 방법으로 실험 장치를 준비한 다음 여기에 0.25 M 염산 용액 대신 증류수 200.00 mL를 사용하여 같은 방법으로 실험을 반복하여 수행한다.
2. 용액의 최고 온도(t_f)와 중화된 용액을 포함하는 스티로폼 컵의 질량을 재서 기록한다.

실험 3. $Na^+(aq) + OH^-(aq) + H^+(aq) + Cl^-(aq) \longrightarrow$ $H_2O(l) + Na^+(aq) + Cl^-(aq)$의 반응 엔탈피

1. 실험 1에서와 같은 방법으로 실험 장치를 준비한 다음 여기에 0.50 M 염산 용액 100.00 mL를 넣는다.
2. 눈금 실린더에 0.50 M 수산화 소듐 용액 100.00 mL를 취하여 두고 두 용액의 온도가 거의 같아지면 온도(t_i)를 기록한다.
3. 수산화 소듐 용액을 가능한 한 빨리 염산 용액에 붓고 상승한 최고 온도(t_f)를 측정한다.
4. 중화된 용액을 포함하는 스티로폼 컵의 질량을 잰다.

4 자료

1. 묽은 수용액의 비열: 4.18 J/g°C
2. NaOH의 화학식량: 40.00 g/mol

5 실험 결과 처리

1. ΔH_1의 계산

스티로폼 컵은 완전한 단열을 한다고 가정하고 용액의 질량을 m_{soln}, 온도 변화를 Δt 라고 하면 다음과 같이 열량 ΔH_1을 구할 수 있다.

$$\Delta H_1 = -\ m_{soln} \times \Delta t \times 4.18\ \text{J/g°C}$$

0.25 M 염산 용액 200.00 mL(0.0500 mol)에 2.000 g(0.0500 mol)의 NaOH를 첨가하였을 때 측정된 용액의 질량이 202.35 g, 용액의 온도 변화가 3.78°C라면 열량 변화는 3.20 kJ이다. 따라서 ΔH_1은 -63.9 kJ/mol이다.

2. ΔH_2의 계산

용액의 질량이 202.33 g, 용액의 온도 변화가 2.61°C라면 같은 방법으로 열량 변화를 계산하면 열량 변화는 2.21 kJ이다. 따라서 ΔH_2는 −44.1 kJ/mol이다.

3. ΔH_3의 계산

용액의 질량이 202.44 g, 용액의 온도 변화가 1.22°C라면 같은 방법으로 열량 변화를 계산하면 열량 변화는 1.03 kJ이다. 따라서 ΔH_3은 −20.6 kJ/mol이다.

열화학 반응

소속대학		실험일자	
학과(학부)		제출일자	
학번		담당교수	
성명		확인	

1. 실험 1의 반응 엔탈피

스티로폼 컵의 질량 (g)		중화된 용액의 최고 온도(t_f) (°C)	
고체 NaOH의 질량 (g)		온도 변화, $\Delta t = t_f - t_i$ (°C)	
중화된 용액의 질량 (g)		반응 1에서 방출된 열량 (J)	
염산 용액의 초기 온도(t_i) (°C)		NaOH 1 몰 당 반응열, ΔH_1 (kJ/mol)	

2. 실험 2의 반응 엔탈피

스티로폼 컵의 질량 (g)		NaOH 용액의 최고 온도(t_f) (°C)	
고체 NaOH의 질량 (g)		온도 변화, $\Delta t = t_f - t_i$ (°C)	
용해 후 NaOH 용액의 질량 (g)		반응 2에서 방출된 열량 (J)	
물의 초기 온도(t_i) (°C)		NaOH 1 몰 당 반응열, ΔH_2 (kJ/mol)	

절취선

3. 실험 3의 반응 엔탈피

스티로폼 컵의 질량 (g)		온도 변화, $\Delta t = t_f - t_i$ (°C)	
중화된 용액의 질량 (g)		반응 3에서 방출된 열량 (J)	
염산과 NaOH 용액의 초기 온도(t_i) (°C)		NaOH 1 몰 당 반응열, ΔH_3 (kJ/mol)	
중화된 용액의 최고 온도(t_f) (°C)			

4. 생각해보기

※ 열화학 반응에서 "표준 상태"란 무엇인지 기술하여라. "Hess의 법칙"의 중요성에 대해 기술하여라.

화학 반응 속도-시계 반응

1 실험 배경

화학 반응 속도론(chemical kinetics)이란 화학 반응의 속도에 관련된 분야이다. 여기서 속도론(kinetics)은 시간에 따른 반응물 또는 생성물의 농도 변화(M/s)로서 반응의 속도 또는 반응 속도(reaction rate)를 말한다.

반응 속도론의 연구 가치는 매우 높다. 시각, 광합성, 핵 연쇄 반응에서 초기 반응들은 10^{-12}~10^{-6} s와 같은 아주 짧은 시간에 일어난다. 시멘트의 양생과 흑연에서 다이아몬드로 변화되는 것과 같은 반응은 몇 년에서 몇 백만 년에 걸쳐 일어나기도 한다. 실제적인 응용에서 새로운 약품 개발, 공해 물질 제거, 식품 가공에 반응 속도론 지식은 매우 유용하다. 산업 현장에서 화학자들은 수득률의 극대화보다는 반응 속도를 높이는 데 역점을 둔다.

화학 반응은 다음과 같이 일반식으로 나타낼 수 있다.

$$\text{반응물} \longrightarrow \text{생성물}$$

이 식은 반응이 진행되는 동안 생성물 분자의 농도가 증가하고, 반응물 분자의 농도가 감소되는 것을 의미한다. 그 결과 반응물의 농도 감소나 생성물의 농도 증가를 측정함으로써 반응의 진행을 살펴볼 수 있다.

그림에 A 분자가 생성물 B 분자로 전환되는 간단한 반응의 진행을 나타냈다.

$$A \longrightarrow B$$

그림은 시간에 따라 A 분자의 농도가 감소되는 것을 보여 준다. 일반적으로 시간에 따른 농도 변화로 반응 속도를 나타낸다. 따라서 A → B 반응에 대해서 반응 속도는 다음과 같이 나타낼 수 있다.

$$\text{속도} = -\frac{\Delta[A]}{\Delta t}, \quad \text{또는} \quad \text{속도} = \frac{\Delta[B]}{\Delta t}$$

여기서 Δ[A]와 Δ[B]는 Δt 시간 동안 농도 변화(몰농도)를 나타낸다. 일정 시간 동안 A 농도는 감소하기 때문에 Δ[A]는 음이다. 반응 속도를 양으로 만들기 위해서 음의 부호가 필요한 것이다. 반면 Δ[B]는 양의 값이기 때문에 생성물의 생성 속도는 음의 부호가 필요치 않다(B의 농도는 시간이 따라 증가한다). 이 반응 속도는 Δt 시간 동안 평균한 값이기 때문에 평균 반응 속도(average rate)라 한다.

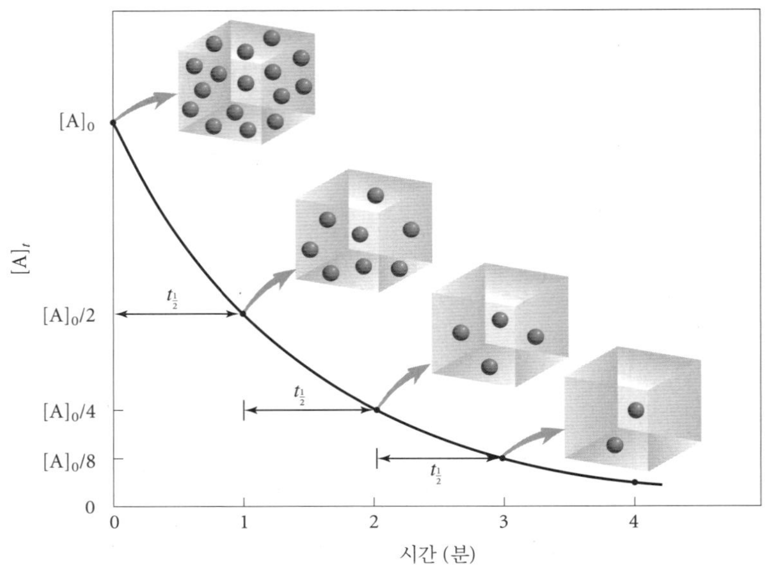

시간에 따른 A의 농도 그래프

실험으로 반응 속도를 결정하기 위해서는 시간에 따라 반응물(또는 생성물)의 농도를 측정해야만 한다. 용액 상 반응에서 물질의 농도는 분광학적 방법으로 측정할 수 있다. 이온들이 포함된 반응일 경우에는 전도도 측정으로 농도 변화를 알 수 있다. 기체를 포함하는 반응일 경우에는 압력 측정으로 농도 변화를 알 수 있다.

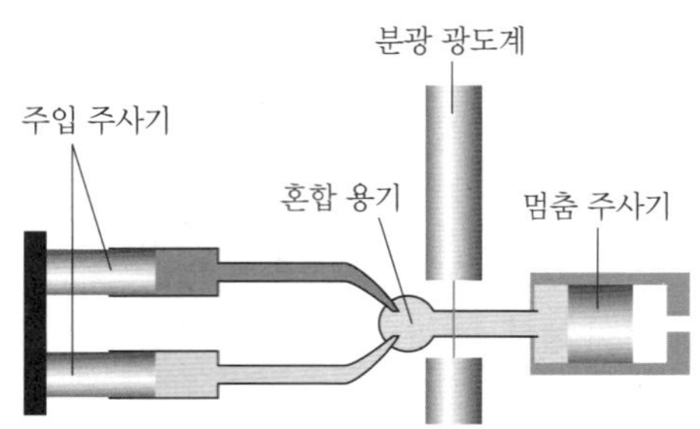

분광학적 방법을 이용한 농도 측정 장치

다음과 같은 아이오딘화 이온과 과산화이황산 이온과의 반응을 살펴보자.

$$2I^-(aq) + S_2O_8^{2-}(aq) \longrightarrow I_2(s) + 2SO_4^{2-}(aq) \tag{1}$$

이 반응은 실온에서 상당히 느리게 진행되는데 그 반응 속도는 다음 식으로 나타낼 수 있다.

$$\text{반응 속도} = k[I^-]^m[S_2O_8^{2-}]^n \tag{2}$$

k는 반응 속도 상수이며 m과 n은 반응 차수이다. 이온의 농도는 몰농도 M으로 나타낸다. 반응 속도는 식 (2)에서 알 수 있듯이 반응 물질의 농도에 다라서 많은 영향을 받는다. 이 밖에도 반응 속도는 반응 온도와 촉매의 영향을 받는 것으로 잘 알려져 있다. 그러나 이 실험에서는 반응 속도에 미치는 농도의 영향만을 살펴보기로 한다.

이 실험의 주목적은 속도 상수 k의 값과 반응 차수 m과 n을 구하는 일이다. 이 방법은 이른바 시계 반응(clock reaction)이라 부르는 반응인데, 이는 주어진 반응의 종말점을 자동적으로 알 수 있기 때문이다. 조사 대상 반응 (1)을 녹말 존재 하의 동일 용기 내에서 다음 반응 (3)과 동시에 일어나도록 한다.

$$I_2(s) + 2S_2O_3^{2-}(aq) \longrightarrow 2I^-(aq) + S_4O_6^{2-}(aq) \tag{3}$$

반응 (3)은 반응 (1)에 비하여 훨씬 빨리 진행되므로 반응 (1)에서 생성된 I_2 분자는 같은 반응 용기에 들어 있던 $S_2O_3^{2-}$ 이온과 매우 빠르게 반응하여 없어지게 되어 $S_2O_3^{2-}$ 이온이 완전히 소모되지 않는 한 I_2의 농도는 0이다. 반응이 진행되어 $S_2O_3^{2-}$ 이온이 모두 소모되면 반응 (1)만이 일어나므로 I_2 분자가 용액 속에 남게 되고, I_2 분자가 생성되는 순간 이것이 녹말과 반응하여 푸른색을 띠게 되어 일정량의 $S_2O_3^{2-}$ 이온이 모두 반응하여 없어지는데 필요한 시간을 알려주므로 시계와 같은 구실을 하게 된다.

만일 $S_2O_3^{2-}$ 이온의 양을 처음부터 $S_2O_8^{2-}$ 이온보다 당량 이상으로 많이 사용하면 반응 (1)이 완결될 때까지 반응 용기에는 색변화가 없겠지만, 처음에 I^- 이온 및 $S_2O_8^{2-}$ 이온의 당량보다 훨씬 적은 양의 $S_2O_3^{2-}$ 이온을 가하고 반응을 시작하면 반응 (1)이 완결되기 전에 $S_2O_3^{2-}$ 이온은 완전히 소모되고 그 순간 I_2와 녹말이 반응하여 색변화가 일어난다.

반응 (1)에서 1몰의 $S_2O_8^{2-}$ 이온에 의하여 1몰의 I_2가 생기는데 이 1몰의 I_2는 반응 (3)에 따라 2몰의 $S_2O_3^{2-}$ 이온과 반응한다. 그러므로 반응이 시작되어 푸른색이 나타나는 순간까지 소모된 $S_2O_8^{2-}$ 이온의 몰수는 처음에 가한 $S_2O_3^{2-}$ 이온의 몰수의 절반과 같다. 따라서 일정량의 I^- 이온 및 $S_2O_8^{2-}$ 이온을 정확히 재어 반응 용기에 넣고 여기에 정확한 농도를 알고 있는 소량의 $S_2O_3^{2-}$ 이온 및 녹말 지시약을 가하여 반응이 시작되는 순간부터 변색할 때까지의 시간을 측정하면 일정량의 반응 물질이 반응하는데 소요되는 시간을 알 수 있으므로 반응 속도를 구할 수 있다.

2 실험 기구 및 시약

100 mL 비커 1개, 50 mL 비커 2개, 25 mL 눈금 피펫 6개, 초시계 1개, 세척병 1개,

온도계 1개, 자석 교반기, 0.200 M KI, 0.200 M KCl, 0.100 M $(NH_4)_2S_2O_8$, 0.100 M $(NH_4)_2SO_4$, 0.005 M $Na_2S_2O_3$, 녹말 지시약

- 100 mL 용액 제조: 100 mL 부피 플라스크에 다음 표에 나타낸 양만큼의 물질을 넣고 녹인 다음 표선까지 증류수를 채운다.

용액	용질
0.200 M KI 용액 0.200 M KCl 용액 0.100 M $(NH_4)_2S_2O_8$ 용액 0.100 M $(NH_4)_2SO_4$ 용액 0.005 M $Na_2S_2O_3$ 용액	KI 3.32 g KCl 1.49 g $(NH_4)_2S_2O_8$ 2.28 g $(NH_4)_2SO_4$ 1.32g $Na_2S_2O_3$ 0.079 g

- 녹말 지시약: 1 g의 가용성 녹말을 물 100 mL에 넣고 맑은 용액이 될 때까지 끓인 후 냉각시킨다. 장시간 보관할 경우 1 mg의 방부제인 Hg_2I_2를 넣어준다.

3 실험 과정

실험 1. 반응 속도에 미치는 농도 영향

아래 표는 3종류의 반응에 대한 각 용액의 부피를 나타낸 것이다. 각 반응에 대한 실험법은 거의 같으므로 반응 1만을 예를 들어 설명한다.

반응	비커 1	비커 2
1	20.0 mL 0.200 M KI	20.0 mL 0.100 M $(NH_4)_2S_2O_8$
2	10.0 mL 0.200 M KI 10.0 mL 0.200 M KCl	20.0 mL 0.100 M $(NH_4)_2S_2O_8$
3	20.0 mL 0.200 M KI	10.0 mL 0.100 M $(NH_4)_2S_2O_8$ 10.0 mL 0.100 M $(NH_4)_2SO_4$

1. 50 mL 비커(비커 1)에 눈금 피펫으로 20.0 mL의 0.200 M KI 용액을 정확히 취하여 넣는다.
2. 다른 50 mL 비커(비커 2)에 20.0 mL의 0.100 M $(NH_4)_2S_2O_8$ 용액을 눈금 피펫으로 정확히 취하여 넣는다.
3. 또 다른 100 mL 비커(비커 3)에 10.0 mL의 0.005 M $Na_2S_2O_3$ 용액과 1 mL의 녹말 지시약을 눈금 피펫으로 정확히 재어 넣는다.
4. 비커 1과 2의 용액을 비커 3에 용액의 소실 없이 가능한 한 빨리 붓고 반응 시작

시간을 기록하는 동시에 잘 흔들어 섞어준다(자석 젓개를 이용하면 편리하고 더 좋은 결과를 얻을 수 있다).

5. 반응 용액의 색깔이 변색되는 순간의 시간을 기록하고 용액의 온도를 기록한다.
6. 이와 같은 방법으로 표에 있는 반응 2와 3을 실시한다.
7. 각각의 실험을 두 번 더 반복하여 실시한다.

4 자료

1. KI의 화학식량: 166.00 g/mol
2. KCl의 화학식량: 74.551 g/mol
3. $(NH_4)_2S_2O_8$의 화학식량: 228.18 g/mol
4. $Na_2S_2O_3$의 화학식량: 158.09774 g/mol

5 실험 결과 처리

1. 반응 차수의 계산

반응	변색까지의 시간 t (s)	반응 비커 속의 초기 농도 (M)		반응 속도 ($M \cdot s^{-1}$)
		$[I^-]$	$[S_2O_8^{2-}]$	
1	40	0.0784	0.0392	1.225×10^{-5}
2	80	0.0392	0.0392	6.125×10^{-6}
3	80	0.0784	0.0196	6.125×10^{-6}

만약 실험 결과로 20°C에서 위의 표와 같은 결과를 얻었다면 이 결과들을 바탕으로 다음과 같이 반응 차수를 계산할 수 있다(여기에 제시된 자료는 실험 결과 처리의 예시를 위한 임의의 자료이므로 실제 결과와 일치하지 않을 수도 있다). 두 용액을 혼합한 후 용액에 존재하는 반응물의 농도는 $\frac{20}{51}$로 묽혀짐에 유의하여라. 소모된 $Na_2S_2O_3$의 몰농도는 9.80×10^{-4} M(= $\frac{20}{51} \times 0.005$ M)이므로 생성된 I_2의 농도는 4.90×10^{-4} M이다.

반응 속도는 다음과 같이 표현된다.

$$\text{반응 속도} = k[I^-]^m[S_2O_8^{2-}]^n$$

반응 1과 반응 2에 대하여 각각 반응 속도 1, 2라 하면 다음 관계식이 성립된다.

$$반응\ 속도\ 1 = 1.225 \times 10^{-5} = k[0.0784]^m[0.0392]^n$$
$$반응\ 속도\ 2 = 6.125 \times 10^{-6} = k[0.0392]^m[0.0392]^n$$

첫 번째 식을 두 번째 식으로 나누면 m을 구할 수 있다.

$$2 = 2^m$$

그러므로 m은 1이다.

같은 방법으로 반응 1과 3을 이용하여 n을 구할 수 있다.

$$반응\ 속도\ 1 = 1.225 \times 10^{-5} = k[0.0784]^m[0.0392]^n$$
$$반응\ 속도\ 3 = 6.125 \times 10^{-6} = k[0.0784]^m[0.0196]^n$$

$$2 = 2^n$$

그러므로 n은 1이다.

$$반응\ 속도\ 1 = 1.225 \times 10^{-5}\ M \cdot s^{-1} = k[0.0784][0.0392]$$

그러므로 k는 $3.99 \times 10^{-3}\ M^{-1} \cdot s^{-1}$이다.

절취선

실험 보고서 실험 14

화학 반응 속도–시계 반응

소속대학 ______________ 실험일자 ______________

학과(학부) ______________ 제출일자 ______________

학 번 ______________ 담당교수 ______________

성 명 ______________ 확 인 ______________

1. 농도에 따른 반응 속도 측정

반응	변색까지의 시간 t (s)	반응 비커 속의 초기 농도 (M)		반응 속도 ($M \cdot s^{-1}$)
		$[I^-]$	$[S_2O_8{}^{2-}]$	
1				
2				
3				

반응 온도: ℃

2. 반응 차수의 계산

$$\text{반응 속도} = k[\mathrm{I^-}]^m[\mathrm{S_2O_8}^{2-}]^n$$

반응 1과 반응 2에 대하여 각각 반응 속도 1, 2라 하면 다음 관계식이 성립된다.

반응 속도 1 = $\qquad\qquad$ = $k[\qquad]^m[\qquad]^n$

반응 속도 2 = $\qquad\qquad$ = $k[\qquad]^m[\qquad]^n$

첫 번째 식을 두 번째 식으로 나누면 $\mathrm{I^-}$에 대한 반응 차수 m을 구할 수 있다. 같은 방법으로 반응 1과 3을 이용하여 $\mathrm{S_2O_8}^{2-}$에 대한 반응 차수 n을 구할 수 있다.

반응 속도 1 = $\qquad\qquad$ = $k[\qquad]^m[\qquad]^n$

반응 속도 3 = $\qquad\qquad$ = $k[\qquad]^m[\qquad]^n$

m: $\qquad\qquad$, n:

k:

3. 생각해보기

※ 반응 속도에 영향을 미치는 인자들에 대해 기술하여라. 위의 실험을 이용하여 활성화 에너지를 구하기 위한 실험을 제안하여라.

용해도곱 상수

1 실험 배경

물에 대해 난용성인 고체 염화 은과 접촉하고 있는 염화 은의 포화 수용액을 살펴보자. 용해도 평형은 다음과 같이 나타낼 수 있다.

$$AgCl(s) \rightleftharpoons Ag^+(aq) + Cl^-(aq)$$

고체 $AgCl(s)$이 일부 녹아 평형을 이루기 때문에 불균일 반응에서 고체의 농도는 일정하다고 가정하면, $AgCl(s)$의 용해에 대한 평형을 다음과 같은 식으로 기술할 수 있다.

$$K_{sp} = [Ag^+][Cl^-]$$

여기에서 K_{sp}를 용해도곱 상수 또는 간단히 용해도곱(solubility product)이라고 부른다. 일반적으로 어떤 화합물의 용해도곱은 구성 이온들의 몰농도의 곱이며, 각 농도는 평형식에 있는 화학량론적 계수를 지수로 표시한다.

각 난용성 염에 대한 용해도곱의 표현식은 다음과 같이 나타낼 수 있다.

- MgF_2
  $MgF_2(s) \rightleftharpoons Mg^{2+}(aq) + 2F^-(aq)$ $\quad K_{sp} = [Mg^{2+}][F^-]^2$
- Ag_2CO_3
  $Ag_2CO_3(s) \rightleftharpoons 2Ag^+(aq) + CO_3^{2-}(aq)$ $\quad K_{sp} = [Ag^+]^2[CO_3^{2-}]$
- $Ca_3(PO_4)_2$
  $Ca_3(PO_4)_2(s) \rightleftharpoons 3Ca^{2+}(aq) + 2PO_4^{3-}(aq)$ $\quad K_{sp} = [Ca^{2+}]^3[PO_4^{3-}]^2$

부록에 용해도가 낮은 몇 가지의 염에 대한 용해도곱을 나타내었다. K_{sp} 값은 이온 화합물의 용해도를 나타낸다. 곧, 그 값이 작을수록 물에 그 화합물은 적게 녹는다. 그러나 용해도를 비교하기 위하여 K_{sp} 값을 쓸 때는 AgCl과 ZnS 및 CaF_2와 $Fe(OH)_2$

와 같이 화학식이 같은 형태인 화합물을 선택하여야 한다.

어떤 물질의 용해도를 나타내는 데에는 두 가지의 다른 방법이 있다. 그 하나는 몰 용해도(molar solubility)로서, 1 L의 포화 용액 안에 있는 용질의 몰수(mol/L)이고, 다른 하나는 용해도(solubility)로서 100 g의 용매에 포화된 용질의 g 수(g/용매 100 g)이다. 이것들은 어떤 온도(보통 25°C)에서 포화 용액의 농도를 일컫는다.

난용성 염의 용해도곱 상수(25°C)

화합물	K_{sp}	화합물	K_{sp}
Aluminum hydxide [$Al(OH)_3$]	1.8×10^{-33}	Lead(II) chromate ($PbCrO_4$)	2.0×10^{-14}
Barium carbonate ($BaCO_3$)	8.1×10^{-9}	Lead(II) fluoride (PbF_2)	4.1×10^{-8}
Barium fluoride (BaF_2)	1.7×10^{-6}	Lead(II) iodide (PbI_2)	1.4×10^{-8}
Barium sulfate ($BaSO_4$)	1.1×10^{-10}	Lead(II) sulfide (PbS)	3.4×10^{-28}
Bismuth sulfide (Bi_2S_3)	1.6×10^{-72}	Magnesium carbonate ($MgCO_3$)	4.0×10^{-5}
Cadmium sulfide (CdS)	8.0×10^{-28}	Magnesium hydroxide [$Mg(OH)_2$]	1.2×10^{-11}
Calcium carbonate ($CaCO_3$)	8.7×10^{-9}	Manganese(II) sulfide (MnS)	3.0×10^{-14}
Calcium fluoride (CaF_2)	4.0×10^{-11}	Mercury(I) chloride (Hg_2Cl_2)	3.5×10^{-18}
Calcium hydroxide [$Ca(OH)_2$]	8.0×10^{-6}	Mercury(II) sulfide (HgS)	4.0×10^{-54}
Calcium phosphate [$Ca_3(PO_4)_2$]	1.2×10^{-26}	Nickel(II) sulfide (NiS)	1.4×10^{-24}
Chromium(III) hydroxide [$Cr(OH)_3$]	3.0×10^{-29}	Silver bromide (AgBr)	7.7×10^{-13}
Cobalt(II) sulfide (CoS)	4.0×10^{-21}	Silver carbonate (Ag_2CO_3)	8.1×10^{-12}
Copper(I) bromide (CuBr)	4.2×10^{-8}	Silver chloride (AgCl)	1.6×10^{-10}
Copper(I) iodide (CuI)	5.1×10^{-12}	Silver iodide (AgI)	8.3×10^{-17}
Copper(II) hydroxide [$Cu(OH)_2$]	2.2×10^{-20}	Silver sulfate (Ag_2SO_4)	1.4×10^{-5}
Copper(II) sulfide (CuS)	6.0×10^{-37}	Silver sulfide (Ag_2S)	6.0×10^{-51}
Iron(II) hydroxide [$Fe(OH)_2$]	1.6×10^{-14}	Strontium carbonate ($SrCO_3$)	1.6×10^{-9}
Iron(III) hydroxide [$Fe(OH)_3$]	1.1×10^{-36}	Stontium sulfate ($SrSO_4$)	3.8×10^{-7}
Iron(II) sulfide (FeS)	6.0×10^{-19}	Tin(II) sulfide (SnS)	1.0×10^{-26}
Lead(II) carbonate ($PbCO_3$)	3.3×10^{-44}	Zinc hydroxide [$Zn(OH)_2$]	1.8×10^{-14}
Lead(II) chloride ($PbCl_2$)	2.4×10^{-4}	Zinc sulfide (ZnS)	3.0×10^{-23}

몰 용해도와 용해도 모두 실험실에서 쓰기에 편리하다. 따라서 K_{sp}를 결정하는 데에 이들을 쓸 수 있다. 어떤 화합물의 K_{sp} 값을 알 때, 그 화합물의 몰 용해도를 계산할 수 있다. 예를 들면, 브로민화 은(AgBr)의 K_{sp}가 7.7×10^{-13}일 때, 이온화 상수로부터 몰 용해도를 계산한다. 순수한 물에서 $[Ag^+] = [Br^-] = 8.8 \times 10^{-7}$ M이므로 AgBr의 몰 용해도 $= 8.8 \times 10^{-7}$ M이다.

수용액에서 이온성 고체의 용해는 다음의 조건 중에서 어느 하나에 해당한다. (1) 용액이 불포화, (2) 용액이 포화, (3) 용액이 과포화되어 있을 때이다. 이온의 농도가 평형 조건과 일치하지 않을 때, 반응 지수를 쓴다. 이 경우에 반응 지수는 이온곱(ion product) Q라고 부르며, 침전이 형성될 것인지 어떤지를 예측하는 데에 사용한다. 이온 농도가 평형 농도가 아닌 경우를 제외하면, Q는 K_{sp}와 같은 형태로 표현된다. 다만 평형 농도가 아니라 특정 조건에서의 농도임에 주의하여야 한다. 예를 들면, Ag^+

이온을 포함하는 용액을 Cl^- 이온을 포함하는 용액과 섞으면, 이온곱은 다음과 같이 된다.

$$Q = [Ag^+][Cl^-]$$

Q와 K_{sp} 사이의 가능한 관계는 다음과 같다.

$Q < K_{sp}$ 불포화 용액
$Q = K_{sp}$ 포화 용액
$Q > K_{sp}$ 과포화 용액

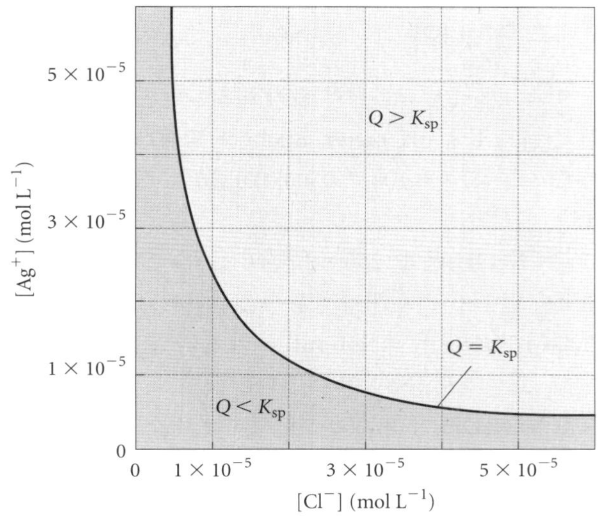

따라서 용해도 규칙과 용해도곱으로부터 두 용액을 섞거나 가용성 화합물을 어떤 용액에 첨가할 때, 침전이 형성되는가의 여부를 예측할 수 있다.

과량의 고체 수산화 칼슘을 물과 함께 흔들어 주면 용액은 포화되며 다음과 같이 평형이 이루어진다.

$$Ca(OH)_2(s) \rightleftharpoons Ca^{2+}(aq) + 2OH^-(aq) \qquad (1)$$

이 용해 과정에 대한 평형 상수는 다음과 같이 나타낼 수 있다.

$$K = \frac{[Ca^{2+}][OH^-]^2}{[Ca(OH)_2]} \qquad (2)$$

일정한 온도에서 이 포화 용액에 있는 수산화 칼슘의 농도는 일정하므로 다음 식으로 정의되는 새로운 상수로 나타낼 수도 있다.

$$K_{sp} = K[Ca(OH)_2] = [Ca^{2+}][OH^-]^2 \qquad (3)$$

만일 수산화 칼슘으로 포화된 용액에 OH^- 이온을 넣으면 용해도곱을 일정하게 유지하기 위하여 Ca^{2+} 이온의 농도는 감소한다. 즉 수산화 칼슘이 침전된다. 이러한 효과를 공통 이온 효과라고 하는데, 이 원리를 이용하여 수산화 칼슘의 용해도 및 용해도곱 상수를 구할 수 있다.

물과 이미 그 농도를 알고 있는 여러 가지 수산화 소듐 용액에 고체 수산화 칼슘을 넣어 포화시킨 다음 이들 용액에 함유된 OH^-의 농도를 염산 표준 용액으로 적정하여 결정한다. 이 농도와 수산화 칼슘을 포화시키기 전 초기 농도와의 차이가 수산화 칼슘의 용해에 의한 OH^-의 농도이다. 이것으로부터 Ca^{2+}의 농도, 수산화 칼슘의 용해도 및 수산화 칼슘의 K_{sp}를 구할 수 있다.

2 실험 기구 및 시약

250 mL 비커 4개, 100 mL 삼각 플라스크 2개, 25 mL 눈금 피펫 4개, 50 mL 뷰렛 1개, 뷰렛 클램프 1개, pH meter, Büchner 깔때기 1개, 감압 플라스크 1개, 온도계 1개, 거름종이, 증류수, 0.100, 0.0500, 0.0250 M NaOH, 0.100 M HCl, $Ca(OH)_2$, 페놀프탈레인 지시약

- 0.100 M NaOH 용액: 250 mL 부피 플라스크에 1.04 g의 96% NaOH를 넣고 증류수로 녹인 다음 표선까지 증류수를 채운다. 표준 시약급 KHP로 표준화한다.
- 0.0500 M NaOH 용액: 250 mL 부피 플라스크에 125 mL의 0.10 M NaOH 용액을 넣고 표선까지 증류수를 채운다.
- 0.0250 M NaOH 용액: 250 mL 부피 플라스크에 125 mL 0.050 M NaOH 용액을 넣고 표선까지 증류수를 채운다.
- 0.100 M HCl 용액: 250 mL 부피 플라스크에 2.083 mL의 37% HCl 용액을 넣고 표선까지 증류수를 채운다. 표준 시약급 탄산 소듐으로 표준화한다.
- 페놀프탈레인 지시약: 에탄올 50 mL에 0.1 g의 페놀프탈레인을 녹인 후 증류수 50 mL로 묽힌다.

3 실험 과정

1. 깨끗한 4개의 250 mL 비커에 각각 증류수, 0.100 M, 0.0500 M, 0.0250 M 수산화 소듐 용액을 눈금 실린더로 100.0 mL씩 취하여 담는다.
2. 각 비커에 1 g 정도의 수산화 칼슘 고체를 넣고 유리 막대로 비커의 내용물을 10분간 잘 저어 주어 용해 평형에 도달되도록 한다.
3. 각 용액을 Büchner 깔때기를 사용하여 감압 하에 거르고 여과액을 따로 보관한다.
4. 각 용액의 온도를 기록한다.
5. pH meter를 이용하여 각 여과액의 pH를 측정한다.
6. pH meter를 이용할 수 없을 때, 각 여과액 25.0 mL를 눈금 피펫으로 취하여 100

mL 삼각 플라스크에 넣고 페놀프탈레인 지시약 2~3 방울을 가한 다음 0.100 M HCl 표준 용액으로 적정한다.

4 자료

1. $Ca(OH)_2$의 용해도곱(25°C): 8×10^{-6}

5 실험 결과 처리

1. $Ca(OH)_2$의 몰 용해도의 계산

0.0250 M NaOH에 수산화 칼슘이 포화된 용액 25.0 mL를 적정하기 위하여 0.105 M HCl 표준 용액 8.69 mL가 소모되었다.

- OH^-의 전체 농도 $= 0.105\text{ M} \times \dfrac{8.69\text{ mL}}{25.0\text{ mL}}$
  $= 0.0365\text{ M}$

- $Ca(OH)_2$의 용해에 의해 생성된 OH^-의 농도
  $= 0.0365\text{ M} - 0.0250\text{ M}$
  $= 0.0115\text{ M}$

- $Ca(OH)_2$의 몰 용해도 $= \dfrac{0.0115\text{ M}}{2} = 0.00575\text{ M}$

- Ca^{2+}의 농도 $= 0.00575\text{ M}$

2. $Ca(OH)_2$의 용해도곱 상수(K_{sp})의 계산

따라서 $Ca(OH)_2$의 K_{sp}는 다음과 같이 얻어진다.

$$\begin{aligned} K_{sp} &= [Ca^{2+}][OH^-]^2 \\ &= (0.00575\text{ M})(0.0365\text{ M})^2 \\ &= 7.66 \times 10^{-6} \end{aligned}$$

용해도곱 상수

소속대학 ______________ 실험일자 ______________

학과(학부) ______________ 제출일자 ______________

학 번 ______________ 담당교수 ______________

성 명 ______________ 확 인 ______________

1. 용해도곱 상수

	순수한 물	0.0250 M NaOH 용액	0.0500 M NaOH 용액	0.100 M NaOH 용액
취한 여과액의 부피 (mL)				
적정에 소비된 0.100 M HCl의 부피 (mL)				
용액 중 OH^-의 총 농도 (M)				
$Ca(OH)_2$의 용해에 의한 OH^-의 농도 (M)				
Ca^{2+}의 농도 = $Ca(OH)_2$의 용해도 (M)				
용해도곱 상수 = $[Ca^{2+}][OH^-]^2$				

계산식

절취선

2. 생각해보기

※ 산성비에 의해 석조 문화재가 손상을 입는 것에 대하여 설명하여라.

....

....

....

....

....

....

....

실험 16

Laboratory Experiments for General Chemistry

염화물의 분석

1 실험 배경

고체 염화 은은 난용성 염이다. 염화 은 고체와 접촉하고 있는 염화 은의 포화 수용액을 고려해보자. 용해도 평형은 다음과 같이 나타낼 수 있다.

$$AgCl(s) \rightleftharpoons Ag^+(aq) + Cl^-(aq)$$

대부분의 AgCl은 고체로 존재하며, 일부가 해리되어 평형을 이룬다. 불균일 반응에서 고체의 농도는 일정하다. 따라서, AgCl의 용해에 대한 평형 조건을 다음과 같이 쓸 수 있다.

$$K_{sp} = [Ag^+][Cl^-]$$

여기서 K_{sp}를 용해도곱 상수 또는 간단히 용해도곱(solubility product)이라고 부른다. 일반적으로 어떤 화합물의 용해도곱은 구성 이온들의 몰농도의 곱이며, 각 농도는 평형식에 있는 화학량론적 계수를 지수로 표시한다. 각 AgCl 단위가 하나의 Ag^+ 이온과 Cl^- 이온만을 포함하고 있으므로, 그 용해도곱의 표현식은 쓰기에 특히 간단하다.

NaCl과 KCl과 같은 가용성 염은 물에 잘 녹는 염으로 강전해질이다. 따라서 이들은 물에 녹아 100% 해리하여 양이온과 음이온을 형성한다. 수용액 중에 존재하는 염화 이온은 $AgNO_3$와 같이 가용성 Ag^+ 이온의 염에 의해 적정된다.

$$Ag^+(aq) + Cl^-(aq) \rightleftharpoons AgCl(s)$$

염화 이온의 부피 분석인 Mohr 법에서 지시약으로 K_2CrO_4를 사용한다. 지시약으로부터 해리된 크로뮴산 이온은 종말점 이후 과량으로 첨가되는 Ag^+ 이온과 반응하여 붉은색의 침전을 형성한다.

$$2Ag^+(aq) + CrO_4^{2-}(aq) \rightleftharpoons Ag_2CrO_4(s)$$

따라서 적정 과정에서 혼합물은 노란색에서 담황색으로 바뀐다.

$$\text{첨가된 } Ag^+ \text{ 이온의 몰수} = \text{첨가된 } AgNO_3\text{의 몰수} = M_{AgNO_3} \times V_{AgNO_3}$$

M_{AgNO_3}는 $AgNO_3$의 몰농도(M)이며 V_{AgNO_3}는 첨가된 $AgNO_3$의 부피(L)이다. Ag^+ 이온과 Cl^- 이온은 1:1 반응을 하기 때문에 존재하는 Cl^- 이온의 몰수 = 첨가된 $AgNO_3$의 몰수 = $M_{AgNO_3} \times V_{AgNO_3}$와 같다.

2 실험 기구 및 시약

250 mL 삼각 플라스크 3개, 뷰렛, 자석 젓개, 자석 교반기, 0.200 M $AgNO_3$ 표준 용액, 0.5 M K_2CrO_4 지시약, 증류수

- 0.200 M $AgNO_3$ 표준 용액: 100 mL 부피 플라스크에 3.397 g의 $AgNO_3$를 넣고 증류수로 녹인 다음 표선까지 증류수를 채운다.
- 0.5 M K_2CrO_4 지시약: 1 g의 K_2CrO_4를 증류수에 녹여 10 mL로 만든다.

3 실험 과정

실험 1. NaCl 수용액의 적정

1. 0.200 g의 NaCl 시료를 정확하게 질량을 측정하여 250 mL 삼각 플라스크에 넣는다.
2. 50 mL 증류수를 넣어 완전히 녹인 후, 0.5 M K_2CrO_4 지시약 용액을 다섯 방울 넣는다.
3. 0.200 M $AgNO_3$ 표준 용액으로 적정을 한다.
4. 2회 더 반복하여 평균을 얻는다.
5. 시료 중의 염화 이온의 질량 퍼센트를 계산한다.

실험 2. KCl 수용액의 적정

1. 0.200 g의 KCl 시료를 정확하게 질량을 측정하여 250 mL 삼각 플라스크에 넣는다.
2. 50 mL 증류수를 넣어 완전히 녹인 후, 0.5 M K_2CrO_4 지시약 용액을 다섯 방울 넣는다.
3. 0.200 M $AgNO_3$ 표준 용액으로 적정을 한다.
4. 2회 더 반복하여 평균을 얻는다.
5. 시료 중의 염화 이온의 질량 퍼센트를 계산한다.

실험 3. NaCl + KCl 수용액의 적정

1. NaCl + KCl의 혼합 시료 0.200 g을 정확하게 질량을 측정하여 250 mL 삼각 플라스크에 넣는다.

2. 50 mL 증류수를 넣어 완전히 녹인 후, 0.5 M K_2CrO_4 지시약 용액을 다섯 방울 넣는다.
3. 0.200 M $AgNO_3$ 표준 용액으로 적정을 한다.
4. 2회 더 반복하여 평균을 얻는다.
5. 시료 중의 염화 이온의 질량 퍼센트를 계산한다.
6. 시료 중의 NaCl과 KCl의 질량 퍼센트를 계산한다.

4 자료

1. NaCl의 화학식량: 58.44 g/mol
2. KCl의 화학식량: 74.55 g/mol
3. $AgNO_3$의 화학식량: 169.87 g/mol
4. K_2CrO_4의 화학식량: 194.11 g/mol

5 실험 결과 처리

1. 0.200 g의 NaCl은 0.00342 mol이기 때문에 0.200 M $AgNO_3$ 약 17.10 mL가 당량점이 될 것이다. 0.200 g의 KCl은 0.00268 mol이기 때문에 0.200 M $AgNO_3$ 약 13.40 mL가 당량점이 될 것이다. 염화 이온의 질량 퍼센트는 NaCl의 경우 60.7%, KCl의 경우 47.6%이다.
2. 0.200 g의 NaCl + KCl 혼합물을 적정하기 위하여 0.200 M $AgNO_3$ 14.88 mL가 소모되었다. NaCl의 양을 x g이라면, KCl은 $(0.200 - x)$ g이다.

$$\frac{x\text{ g}}{58.44\text{ g/mol}} + \frac{(0.200-x)\text{g}}{74.55\text{ g/mol}} = 0.200\text{ M} \times 0.01488\text{ L} = 0.00298\text{ mol}$$

$$x = 0.080\text{ g},\ 0.200 - x = 0.120$$

즉, NaCl은 0.080 g이고, KCl은 0.120 g이다. 따라서 고체 혼합물에는 NaCl이 40%, KCl이 60% 포함되어 있다.

염화물의 분석

소 속 대 학 ______________ 실 험 일 자 ______________

학과(학부) ______________ 제 출 일 자 ______________

학　　번 ______________ 담 당 교 수 ______________

성　　명 ______________ 확　　인 ______________

1. NaCl의 적정

	실험 1	실험 2	실험 3
NaCl의 질량 (g)			
$AgNO_3$의 몰농도 (M)			
적정에 사용된 $AgNO_3$의 부피 (mL)			
Cl^-의 농도 (M)			
시료 중 Cl^-의 양 (g)			
시료 중 Cl^-의 조성 (%)			

절취선

2. KCl의 적정

	실험 1	실험 2	실험 3
KCl의 질량 (g)			
$AgNO_3$의 몰농도 (M)			
적정에 사용된 $AgNO_3$의 부피 (mL)			
Cl^-의 농도 (M)			
시료 중 Cl^-의 양 (g)			
시료 중 Cl^-의 조성 (%)			

3. NaCl + KCl 혼합물의 적정

	실험 1	실험 2	실험 3
혼합물의 질량 (g)			
$AgNO_3$의 몰농도 (M)			
적정에 사용된 $AgNO_3$의 부피 (mL)			
Cl^-의 농도 (M)			
시료 중 Cl^-의 양 (g)			
시료 중 Cl^-의 조성 (%)			

4. NaCl과 KCl 혼합물의 조성

NaCl의 조성 비율(%):

KCl의 조성 비율(%):

5. 생각해보기

※ 할로젠화 음이온은 모두 Ag^+ 이온과 침전 반응을 일으킨다. 난용성 염의 공침(coprecipitation)에 대하여 기술하여라.

....

....

....

....

....

....

....

용액의 총괄성

1 실험 배경

비휘발성 용질이 용매에 녹으면 증기 압력 내림, 끓는점 오름, 어는점 내림, 삼투압 등 용매의 여러 가지 성질들이 변한다. 이러한 효과를 용액의 총괄성(colligative properties)이라고 부른다. 총괄성은 용액 내에 있는 용질의 수에만 의존하고 용질 입자의 특성에는 상관하지 않는 성질들을 말한다. 비전해질인 경우 총괄성을 논하기 위해서는 용액의 농도가 0.2 M 이하인 상대적으로 묽은 용액으로 제한되어야 한다.

자동차의 냉각수로 사용되는 부동액으로 물과 에틸렌글라이콜($HOCH_2CH_2OH$) 혼합액을 사용하는 것은 총괄성을 이용한 좋은 예이다. 에틸렌글라이콜 수용액은 순수한 물보다 어는점이 낮고 끓는점이 높아 동파나 과열로부터 자동차를 보호할 수 있다. 또한 겨울철 빙판길에 염화 소듐(NaCl)이나 염화 칼슘($CaCl_2$)과 같은 염을 뿌려 얼음을 녹이는 것을 보았을 것이다. 이와 같이 얼음 위에 염을 뿌리면 어는점이 내려가서 영하의 온도에서도 얼음이 녹게 된다.

아래 그림은 물의 상평형 곡선과 수용액에서 일어나는 변화들을 나타낸 것이다. 수용액의 증기 압력은 순수한 물보다 낮으므로 고체-액체 곡선을 왼쪽으로 액체-기체 곡선을 오른쪽으로 움직이게 하는 것을 보여준다.

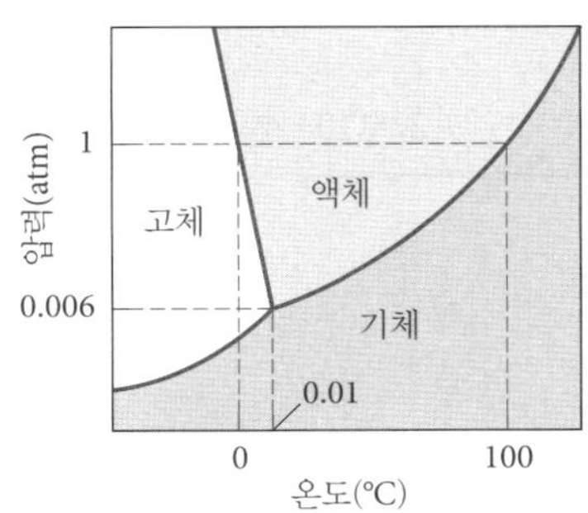

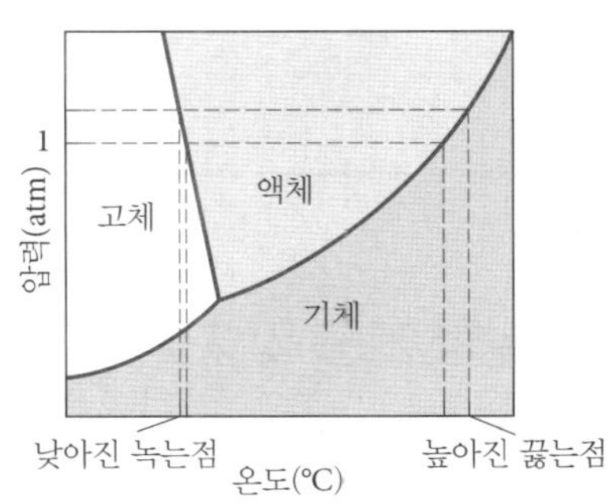

순수한 물(왼쪽)과 수용액(오른쪽)의 상평형 곡선

결과적으로 수용액의 고체-액체 곡선은 순수한 물의 어는점보다 낮은 온도에서 수평선과 만나게 된다. 이와 같이 어는점 내림(freezing point depression, ΔT_f)은 순수한 용매의 어는점(T_f^o)에서 용액의 어는점(T_f)을 뺀 것으로 정의한다.

$$\Delta T_f = T_f^o - T_f$$

그리고 $T_f^o > T_f$이므로 ΔT_f는 양수이며 용액의 몰랄 농도(m)에 비례한다. 몰랄 어는점 내림 상수(molal freezing point depression constant)를 K_f라 하면 ΔT_f는 다음과 같이 표현된다.

$$\Delta T_f = K_f \cdot m$$

K_f가 알려진 용매에 정확한 질량의 미지의 용질을 녹인 후 어는점 내림을 측정하여 미지 물질의 몰랄 농도를 구한 후 분자량(MW)을 계산할 수 있다.

$$\mathrm{MW} = \frac{1000\ K_f w_{용질}}{\Delta T_f w_{용매}}$$

여기에서 MW는 용질의 분자량, $w_{용질}$, $w_{용매}$는 각각 용질과 용매의 질량(g)이다.

일반적인 용매의 몰랄 어는점 내림 상수와 몰랄 끓는점 오름 상수

용매	어는점 (°C)	K_f (°C/m)	끓는점 (°C)	K_b (°C/m)
물	0	1.86	100	0.52
벤젠	5.5	5.12	80.1	2.53
에탄올	−117.3	1.99	78.4	1.22
아세트산	16.6	3.90	117.9	2.93
사이클로헥세인	6.6	20.0	80.7	2.79
나이트로벤젠	5.7	7.00	210.88	5.24
페놀	43	7.40	182	3.56
캠퍼	178.40	40.0	207.42	5.61
로릭산	44~46	3.90	225(100 mmHg에서)	

2 실험 기구 및 시약

500 mL 비커 2개, 시험관(지름 10~12 mm) 1개, 온도계가 끼워진 고무마개 1개, 젓개용 구리선 1개, 물중탕, 가열판, 전자 저울, 솜, lauric acid(dodecanoic acid), stearic acid(octadecanoic acid)

3 실험 과정

실험 1. Lauric acid의 어는점 측정

1. 10 g의 lauric acid를 정확하게 측정하여 시험관에 넣고 구리선으로 만든 젓개를 넣고 온도계가 끼워진 고무마개로 막은 후 70~80°C의 물중탕에 넣어 lauric acid를 완전히 녹인다. 시험관은 물중탕 바닥으로부터 2 cm 정도 떨어지게 하고, 온도계의 알코올구는 시험관 바닥으로부터 2~3 mm 정도 떨어지게 한다.
2. 시험관을 물중탕에서 꺼내어 솜으로 채워진 500 mL 비커에 넣고 천천히 저어주면서 냉각시킨다.
3. 30초마다 온도 변화를 측정하고 온도의 변화가 거의 없을 때까지 온도를 기록하여 순수한 lauric acid의 어는점을 측정한다.
4. 시험관을 다시 가열하여 1회 더 반복 실험을 한다.

실험 2. Lauric acid 용액의 어는점 측정

1. 1 g의 stearic acid를 정확하게 측정하여 실험 1에서 사용한 시험관의 뚜껑을 조심스럽게 열고 첨가한다.
2. 다시 고무마개를 막은 후 70~80°C의 물중탕에 넣어 lauric acid와 stearic acid 혼합물을 완전히 녹인다.
3. 시험관을 물중탕에서 꺼내어 솜으로 채워진 500 mL 비커에 넣고 천천히 저어주면서 냉각시킨다.
4. 30초마다 온도 변화를 측정하고 온도의 변화가 거의 없을 때까지 온도를 기록하여 lauric acid 용액의 어는점을 측정한다.

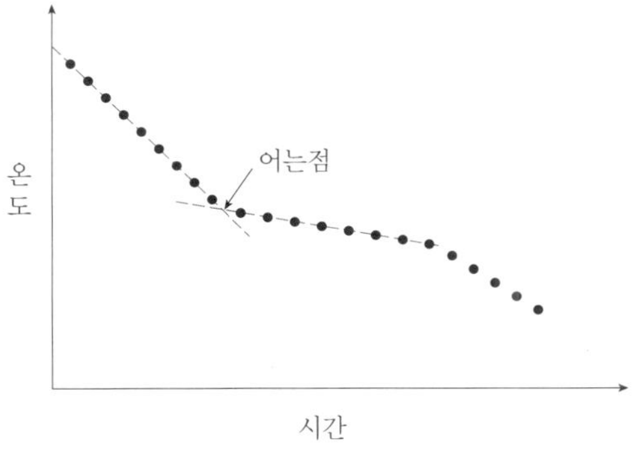

혼합물의 냉각 곡선

4 자료

1. lauric acid($C_{12}H_{24}O_2$): 화학식량 200.32 g/mol, 녹는점 43.8°C

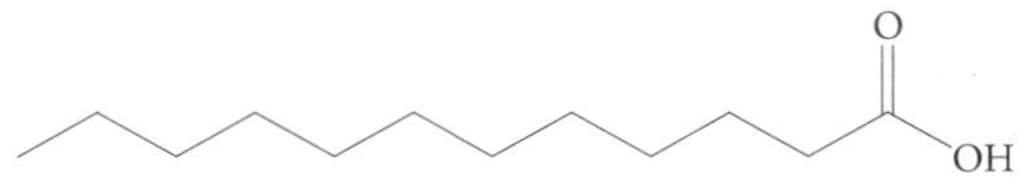

2. stearic acid($C_{18}H_{36}O_2$): 화학식량 284.48 g/mol, 녹는점 69.3°C

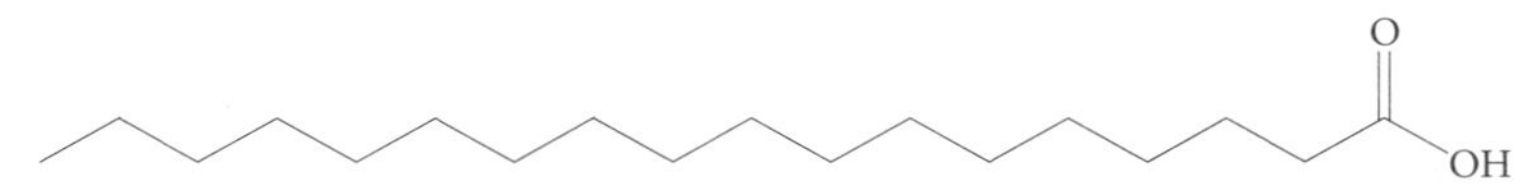

5 실험 결과 처리

순수한 lauric acid의 어는점은 44.1°C, 1 g의 stearic acid를 10 g의 lauric acid에 녹인 용액의 어는점이 42.7°C로 얻어졌다.

$$\Delta T_f = T_f^o - T_f = 44.1°\text{C} - 42.7°\text{C} = 1.4°\text{C}$$

$$\text{MW} = \frac{1000\ K_f w_{\text{용질}}}{\Delta T_f w_{\text{용매}}}$$

$$= \frac{1000 \times 3.90°\text{C}/m \times 1.00\ \text{g}}{1.4°\text{C} \times 10.00\ \text{g}}$$

$$= 280\ \text{g/mol}$$

용액의 총괄성

소속대학 ______________________ 실험일자 ______________________

학과(학부) ______________________ 제출일자 ______________________

학 번 ______________________ 담당교수 ______________________

성 명 ______________________ 확 인 ______________________

1. Lauric acid의 어는점 측정

lauric acid의 질량 (g)		어는점 내림(ΔT_f) (°C)	
lauric acid의 녹는점 (°C)		몰랄 어는점 내림 상수 (°C/m)	3.90
stearic acid의 질량 (g)		stearic acid의 몰랄 농도 (m)	
혼합물의 녹는점 (°C)		stearic acid의 분자량 (g/mol)	

분자량 계산식:

2. 생각해보기

※ 이온성 고체를 용질로 포함하는 용액의 총괄성에 대하여 기술하여라.

실험 18

Laboratory Experiments for General Chemistry

평형의 이동: Le Châtelier 원리

1 실험 배경

수소와 질소가 반응하여 암모니아를 생성하는 반응이 평형을 이루고 있다.

$$3H_2(g) + 2N_2(g) \rightleftharpoons 2NH_3(g)$$

이 반응 용기에 NH_3를 첨가하면 NH_3를 줄이기 위한 방향(역방향)으로 평형이 이동한다. 계의 평형을 교란하는 인자를 제거하기 위한 방향으로 평형이 이동한다는 것은 Le Châtelier 원리로 설명할 수 있다.

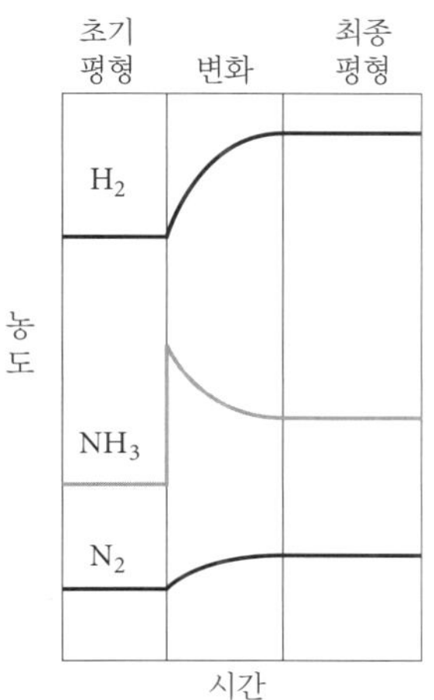

NH_3 첨가 후 시간에 따른 농도 변화

평형에 공통 이온이 존재하면 약산이나 약염기의 이온화가 억제된다. 예를 들면, 아세트산 소듐과 아세트산이 같은 용액에 녹아 있으면 두 화합물은 해리하여 CH_3COO^- 이온을 생성한다.

$$CH_3COONa(aq) \rightleftharpoons CH_3COO^-(aq) + Na^+(aq)$$
$$CH_3COOH(aq) \rightleftharpoons CH_3COO^-(aq) + H^+(aq)$$

CH_3COONa는 강전해질이므로 용액에서 완전히 해리하지만, 약산인 CH_3COOH는 약간만 이온화한다. Le Châtelier의 원리에 따라서 CH_3COOH 용액에 CH_3COONa로부터 나온 CH_3COO^- 이온이 첨가되어 CH_3COOH의 이온화를 억제하므로(즉, 평형을 오른쪽으로부터 왼쪽으로 이동시키므로) 수소 이온 농도를 감소시킨다. 따라서, CH_3COOH와 CH_3COONa를 모두 포함하는 용액은 같은 농도의 CH_3COOH만을 포함하는 용액보다도 산성이 약할 것이다. 아세트산 이온화의 평형 이동은 염으로부터 생긴 공통 이온인 아세트산 음이온 때문에 일어난다. CH_3COO^-은 CH_3COOH와 CH_3COONa 양쪽에 의하여 공급되므로 공통 이온이다.

공통 이온 효과(common ion effect)는 용해된 물질과 공통인 하나의 이온을 가진 화합물을 첨가함으로써 일어나는 평형의 이동이다. 공통 이온 효과는 용액의 pH와 난용성 염의 용해도를 결정하는 데에 중요한 역할을 한다. 공통 이온 효과는 단순히 Le Châtelier의 원리의 특별한 경우이다.

용해도곱은 평형 상수이며, 용액으로부터 이온 결합 화합물이 침전하는 것은 그 물질에 대한 이온곱이 K_{sp}보다 클 때이다. 예를 들어, AgCl의 포화 용액에서 이온곱 $[Ag^+][Cl^-]$은 물론 K_{sp}와 같다. 더욱이 화학량론적으로 간단히 표시하면 $[Ag^+] = [Cl^-]$이다. 공통 이온을 가지고 있는 두 용해된 물질, 즉 AgCl과 $AgNO_3$를 포함하는 용액을 생각해 보자. AgCl의 해리 이외에도 다음의 과정이 용액 속에 있는 공통 은 이온(Ag^+)의 전체 농도에도 기여한다.

$$AgNO_3(aq) \longrightarrow Ag^+(aq) + NO_3^-(aq)$$

만약 $AgNO_3$를 포화 AgCl 용액에 첨가하면, $[Ag^+]$가 증가하여 이온곱이 용해도곱보다 커지게 된다. 새로운 평형이 이루어지기 위해서는 이온곱이 다시 K_{sp}와 같아질 때까지 Le Châtelier의 원리에 따라서 용액으로부터 일부의 AgCl이 침전할 것이다. 따라서, 공통 이온 첨가의 효과는 용액 중 염(AgCl)의 용해도 감소이다.

착이온은 용액에서 리간드 치환 반응을 일으킨다. 이들 반응 속도는 금속 이온과 리간드의 성질에 의존하면서, 그 변화 범위가 대단히 넓다. 리간드 교환 반응을 연구할 때 착이온의 안정도와 반응성이 매우 중요하다. 또한 리간드의 종류에 따라 색깔, 용해도 등 특성이 달라진다.

$$AgCl(s) \rightleftharpoons Ag^+(aq) + Cl^-(aq)$$

위와 같이 평형이 이루어진 용액에 암모니아수를 떨어뜨리면, 다음과 같이 착물을 형성한다.

$$Ag^+(aq) + 2NH_3(aq) \longrightarrow [Ag(NH_3)_2]^+(aq)$$

따라서 용액의 평형은 Le Châtelier의 원리에 따라 $Ag^{+}(aq)$ 이온을 증가시키기 위하여 오른쪽으로 이동한다.

2 실험 기구 및 시약

지름 15 mm 시험관, 물중탕, 가열판/교반기, 메틸 바이올렛 지시약, 1 M HCl, 1 M NaOH, 증류수, 0.3 M $Pb(NO_3)_2$ 용액, 0.3 M HCl 용액, 12 M HCl 용액, $CoCl_2 \cdot 6H_2O$, 0.1 M $Zn(NO_3)_2$ 용액, 0.1 M $Mg(NO_3)_2$ 용액, 6 M HCl, 6 M NaOH

- 0.3~6 M HCl 용액: 12 M인 37% HCl 용액을 묽혀서 각 용액을 제조한다.
- 6 M NaOH 용액: 100 mL 부피 플라스크에 25 g의 96% NaOH를 넣고 증류수로 녹인 다음 표선까지 증류수를 채운다. 1 M NaOH 용액은 6 M NaOH 용액을 묽혀서 제조한다.
- 0.3 M $Pb(NO_3)_2$ 용액: 100 mL 부피 플라스크에 9.94 g의 $Pb(NO_3)_2$를 넣고 증류수로 녹인 다음 표선까지 증류수를 채운다.
- 0.1 M $Zn(NO_3)_2$ 용액: 100 mL 부피 플라스크에 2.97 g의 $Zn(NO_3)_2 \cdot 6H_2O$를 넣고 증류수로 녹인 다음 표선까지 증류수를 채운다.
- 0.1 M $Mg(NO_3)_2$ 용액: 100 mL 부피 플라스크에 2.56 g의 $Mg(NO_3)_2 \cdot 6H_2O$를 넣고 증류수로 녹인 다음 표선까지 증류수를 채운다.
- 메틸 바이올렛 지시약: 증류수 100 mL에 0.02 g의 메틸 바이올렛을 녹인다.

3 실험 과정

실험 1. 산-염기 지시약(메틸 바이올렛의 색변화)

$$\underset{\text{노란색}}{\underset{\uparrow}{HIn(aq)}} \rightleftharpoons H^{+}(aq) + \underset{\text{보라색}}{\underset{\uparrow}{In^{-}(aq)}}$$

1. 보통의 시험관 3개에 각각 5 mL의 증류수를 채운다.
2. 각 시험관에 2~3 방울의 메틸 바이올렛 지시약을 넣고 색을 관찰한다.
3. 2의 한 개의 시험관에 1 M HCl을, 다른 한 개의 시험관에 1 M NaOH를 각각 방울방울 적가한 후 색의 변화가 없을 때까지 색을 관찰한다.
4. HCl과 NaOH를 다른 시험관에 적가하여 반응의 평형이 가역적인 것을 색의 변화로 확인하여라.

실험 2. 난용성 염의 용해($PbCl_2$의 용해도 변화)

$$PbCl_2(s) \rightleftharpoons Pb^{2+}(aq) + 2Cl^{-}(aq) \quad K_{sp} = [Pb^{2+}][Cl^{-}]^2$$

1. 보통의 시험관에 5 mL의 0.3 M $Pb(NO_3)_2$ 용액을 넣는다.
2. 뷰렛에 0.3 M HCl 용액을 넣고, 교반하면서 1의 용액에 방울방울 적가한다.
3. 교반 후에도 눈으로 보기에 흰색의 $PbCl_2(s)$가 보일 때 적가를 멈춘다.
4. 시험관을 약 90°C의 물중탕에 넣고 교반하면서 변화를 관찰한다.
5. 시험관을 수돗물로 냉각하여 교반하면서 변화를 관찰한다.

실험 3. 착이온의 평형($CoCl_4^{2-}$의 형성)

$$\underset{\text{분홍색}}{\underset{\uparrow}{Co(H_2O)_6^{2+}}}(aq) + 4Cl^-(aq) \rightleftharpoons \underset{\text{파란색}}{\underset{\uparrow}{CoCl_4^{2-}}}(aq) + 6H_2O(l)$$

1. 보통의 시험관에 ~0.1 g의 $CoCl_2 \cdot 6H_2O$를 넣고, 12 M HCl 2 mL를 넣는다(12 M HCl은 매우 위험한 산이므로 반응은 반드시 후드에서 실시한다).
2. 교반하여 결정을 완전히 녹이면서 색의 변화를 관찰한다.
3. 교반하면서 2 mL씩 증류수를 첨가한다. 색의 변화가 완결될 때까지 계속 넣는다.
4. 시험관을 약 90°C의 물중탕에 넣고 교반하면서 변화를 관찰한다.
5. 시험관을 수돗물로 냉각하여 교반하면서 변화를 관찰한다.

실험 4. 불용성 염($Zn(OH)_2$)의 용해

$$Zn(OH)_2(s) \rightleftharpoons Zn^{2+}(aq) + 2OH^-(aq)$$

$$Zn^{2+}(aq) + 4OH^-(aq) \rightleftharpoons Zn(OH)_4^{2-}(aq)$$

$$Zn^{2+}(aq) + 4NH_3(aq) \rightleftharpoons Zn(NH_3)_4^{2+}(aq)$$

1. 세 개의 보통의 시험관에 2 mL의 0.1 M $Zn(NO_3)_2$ 용액을 넣는다.
2. 각 시험관에 6 M NaOH 용액 한 방울을 넣고 교반한다. 변화를 관찰하여라.
3. 첫째 시험관에 6 M HCl을, 둘째 시험관에 6 M NaOH를, 셋째 시험관에 6 M NH_3를 방울방울 넣는다. 변화를 관찰하여라.
4. 0.1 M $Mg(NO_3)_2 \cdot 6H_2O$ 용액으로 1~3 단계의 실험을 반복한다.

4 자료

1. HCl의 화학식량: 36.46 g/mol
2. NaOH의 화학식량: 40.00 g/mol
3. $Pb(NO_3)_2$의 화학식량: 331.18 g/mol
4. $CoCl_2 \cdot 6H_2O$의 화학식량: 237.93g/mol
5. $Zn(NO_3)_2 \cdot 6H_2O$의 화학식량: 297.0 g/mol
6. $Mg(NO_3)_2 \cdot 6H_2O$의 화학식량: 256.41 g/mol
7. 메틸 바이올렛의 변색 범위: pH 0.0~1.6

평형의 이동: Le Châtelier 원리

소속대학 ______________________ 실험일자 ______________________

학과(학부) ______________________ 제출일자 ______________________

학 번 ______________________ 담당교수 ______________________

성 명 ______________________ 확 인 ______________________

1. 산–염기 지시약

	시험관 1 (증류수만 포함)	시험관 2 (1 M HCl 포함)	시험관 3 (1 M NaOH 포함)
첨가한 지시약	메틸 바이올렛 지시약		
첨가 전 색깔			
첨가 후 색깔			
가역적인 색깔 변화 여부			

2. 난용성 염의 용해

0.3 M $Pb(NO_3)_2$ 용액의 양	
0.3 M HCl 용액 첨가 시 변화	
90°C 물중탕에서의 변화	
냉각 중 변화	

절취선

3. 착이온의 평형

$CoCl_2 \cdot 6H_2O$의 양	
12 M HCl의 양	
2 mL씩 증류수 첨가 시 변화	
90°C 물중탕에서의 변화	
냉각 중 변화	

4. 불용성 염의 용해

	시험관 4	시험관 5	시험관 6	시험관 7	시험관 8	시험관 9
0.1 M $Zn(NO_3)_2$ 용액의 양 (mL)				0	0	0
0.1 M $Mg(NO_3)_2$ 용액의 양 (mL)	0	0	0			
6 M NaOH 용액 적가 시 변화						
6 M HCl 용액 적가 시 변화		–	–		–	–
6 M NaOH 용액 적가 시 변화	–		–	–		–
6 M NH_3 용액 적가 시 변화	–	–		–	–	

5. 생각해보기

※ Le Châtelier 원리의 기본적인 개념에 대하여 기술하여라.

....

....

화학 전지

1 실험 배경

산화–환원 반응(oxidation–reduction reaction)은 물질 사이에 전자의 이동으로 일어난다. 어떤 원자가 전자를 잃는 반응을 산화(oxidation)라고 하고 전자를 얻는 반응을 환원(reduction)이라 한다. 예를 들어 금속 아연을 황산 구리 용액에 담그면 아연이 녹아 아연 이온으로 산화되고 구리 이온은 환원되어 금속 아연 표면에 금속 구리가 석출된다.

$$Zn(s) + Cu^{2+}(aq) \longrightarrow Zn^{2+}(aq) + Cu(s)$$

이 반응은 다음과 같은 두 반쪽 반응으로 나타낼 수 있다.

$$Zn(s) \longrightarrow Zn^{2+}(aq) + 2e^-$$
$$Cu^{2+}(aq) + 2e^- \longrightarrow Cu(s)$$

이와 같이 산화–환원 반응은 전자를 내어 주는 환원제(reducing agent)와 전자를 받아들이는 산화제(oxidizing agent) 사이의 반응이며, 이 때 잃고 얻은 전자의 수는 같다.

산화–환원 반응의 척도는 전위차인데 전위차는 표준 수소 반쪽 전지를 기준으로 하여 측정한다. 표준 반쪽 전지는 수소 이온 농도가 1.0 M인 용액에 담근 백금 전극 위에 1.0기압의 수소 기체를 접촉시켜서 만든 것이다.

$$2H^+(1.0\ M) + 2e^- \rightleftharpoons H_2(1.0\text{기압}) \qquad E^\circ = 0.00\ V$$

이 반쪽 전지를 표준 수소 전극(standard hydrogen electrode, SHE)이라 하고, 이때의 표준 전위(standard potential)를 0.00 V로 정하였다. 다른 반쪽 전지의 전위는 이 표준 수소 전극과의 전위차를 측정하여 얻는다. 이 때 전위차는 환원 전위차로 표시한다.

$$aA + bB + ne^- \longrightarrow cC + dD$$

한 반쪽 전지에서 전위와 농도와의 관계를 식으로 표시하면 다음과 같다.

$$E = E^{\circ} - \frac{RT}{nF} \ln \frac{[C]^c[D]^d}{[A]^a[B]^b}$$

이 식을 "Nernst 식"이라 하는데 여기에서 R은 기체 상수, T는 절대 온도, F는 Faraday 상수, n은 이동된 전자의 수, E°는 이온의 농도가 1.0 M일 때의 전위인데 이 전위를 표준 환원 전위(standard reduction potential)라고 한다. 298 K에서 $\frac{2.303RT}{F}$는 0.0591 V이므로 앞의 식은 다음과 같이 표현된다.

$$E = E^{\circ} - \frac{0.0591}{n} \log \frac{[C]^c[D]^d}{[A]^a[B]^b}$$

1. Galvanic Cell

산화-환원 반응계를 물리적으로 분리시키고 이동되는 전자를 외부 도선으로 끌어낼 수 있는데, 이와 같이 만든 것이 전지(cell)이다. 전지는 두 반쪽 전지로 구성되며 한쪽 반쪽 전지는 산화제, 다른 반쪽 전지는 환원제의 구실을 한다. 이들 반쪽 전지는 각각 그 성분의 산화된 형태와 환원된 형태의 접촉으로 이루어진다. 위에서 언급한 아연 반쪽 전지는 아연 이온과 금속 아연으로, 구리 반쪽 전지는 구리 이온과 금속 구리의 접촉으로 구성되어 있다. 아연 이온과 구리 이온을 포함하는 각각의 용액은 염다리 또는 다공성 칸막이로 연결시키고 금속 아연과 금속 구리를 도선으로 연결시키면 전자는 도선을 통하여 흐르게 된다. 아연 반쪽 전지에서와 같이 전극에서 산화 반응이 일어나는 전극을 산화 전극(anode)이라 하고 구리 반쪽 반응에서와 같이 환원 반응이 일어나는 전극을 환원 전극(cathode)이라고 하며 두 반쪽 전지 반응은 다음과 같이 나타낼 수 있다.

산화 전극: $Zn(s) \longrightarrow Zn^{2+}(aq) + 2e^-$ $\quad -E_{anode}$

환원 전극: $Cu^{2+}(aq) + 2e^- \longrightarrow Cu(s)$ $\quad E_{cathode}$

전지의 전압은 각각의 반쪽 전지가 나타내는 표준 환원 전위의 전위차이다.

$$E_{cell} = E_{cathode} - E_{anode}$$

2. 농도차 전지

두 구리 전극을 각각 0.10 M과 1.0 M 질산 구리 수용액에 넣고 두 용액을 염다리로 연결하고 도선을 전압계에 연결하면 Le Châtelier의 원리에 의해 진한 용액은 묽어지고, 묽은 용액은 진해져 결국 같은 농도가 될 것이다. 따라서 환원 반응은 Cu^{2+} 이온의 농도가 진할수록 잘 일어날 것이며, 반면 산화 반응은 농도가 묽은 용액에서 잘 일어날 것이다.

진한 용액: $Cu^{2+}(aq) + 2e^- \longrightarrow Cu(s)$ 환원

묽은 용액: $Cu(s) \longrightarrow Cu^{2+}(aq) + 2e^-$ 산화

이러한 산화–환원 반응에 대한 전지의 표현식은 다음과 같다.

$$Cu(s)|Cu^{2+}(0.10\ M)||Cu^{2+}(1.0\ M)|Cu(s)$$

그리고 각 반쪽 반응을 이용한 전체 반응식은 다음과 같다.

$$\begin{aligned}
&\text{산화: } Cu(s) \longrightarrow Cu^{2+}(aq)(0.10\ M) + 2e^- \\
&\text{환원: } Cu^{2+}(aq)(1.0\ M) + 2e^- \longrightarrow Cu(s) \\
\hline
&\text{전체: } Cu^{2+}(aq)(1.0\ M) \longrightarrow Cu^{2+}(aq)(0.10\ M)
\end{aligned}$$

따라서 전지의 기전력은 아래와 같이 표현된다.

$$E = E^{o} - \frac{RT}{nF} \ln \frac{[Cu^{2+}(\text{묽은 용액})]}{[Cu^{2+}(\text{진한 용액})]}$$

이 식에서 산화 반응과 환원 반응의 표준 전위가 절대값이 같고 부호가 다르므로 E^{o}는 0.00 V가 된다. 따라서 298 K에서 전지의 기전력은 다음과 같이 표현된다.

$$E = -0.0296 \log \frac{[Cu^{2+}(\text{묽은 용액})]}{[Cu^{2+}(\text{진한 용액})]}\ V$$

일반적으로 농도차 전지의 기전력은 작은 값이며, 전지가 작동함에 따라 지속적인 산화–환원 반응으로 두 반쪽 전지의 농도차가 줄어들면서 기전력의 값은 점차로 줄어들며, 두 반쪽 전지의 농도가 같아지게 되면 결국 기전력은 0이 된다.

2 실험 기구 및 시약

아연판 1개, 구리판 각 2개, 염다리 1개, 악어 클립(붉은색, 검정색)이 달린 구리 도선(50~100 cm) 3개, 직류 전압계 1개, 사포, 250 mL 비커 4개, 50 mL 비커 3개, 10 mL 눈금 피펫 3개, 100 mL 눈금 실린더 1개, 1.0 M $Zn(NO_3)_2$ 용액, 1.0 M, 0.10 M, 0.010 M, 0.0010 $Cu(NO_3)_2$ 용액

- 1.0 M $Zn(NO_3)_2$ 용액: 100 mL 부피 플라스크에 29.7 g의 $Zn(NO_3)_2 \cdot 6H_2O$를 넣고 증류수로 녹인 다음 표선까지 증류수를 채운다.
- 1.0 M $Cu(NO_3)_2$ 용액: 250 mL 부피 플라스크에 60.3 g의 $Cu(NO_3)_2 \cdot 3H_2O$를 넣고 증류수로 녹인 다음 표선까지 증류수를 채운다.
- 0.10 M, 0.010 M, 0.0010 M $Cu(NO_3)_2$ 용액: 1.0 M $Cu(NO_3)_2$ 용액을 10배, 100배, 1000배 묽힌다.
- 염다리: 250 mL 비커에 증류수 100 mL를 넣고, 22.4 g의 KCl과 4 g의 agar(우무

가사리)를 넣고 가열판에서 약하게 가열하여 녹인다. 따뜻한 혼합물을 U자형 유리관에 채운 후 냉각시킨다. 염다리 끝을 솜으로 막아 agar의 흘러내림을 방지하는 것이 좋다.

3 실험 과정

실험 1. Galvanic Cell

1. 아연판과 구리판의 표면을 사포로 닦아서 깨끗한 금속 면이 나타나도록 한다.
2. 1.0 M 질산 아연 및 1.0 M 질산 구리 용액 100 mL 씩을 취하여 2개의 비커에 각각 넣고 그림과 같이 장치한 다음 이 전지의 전압을 측정한다.

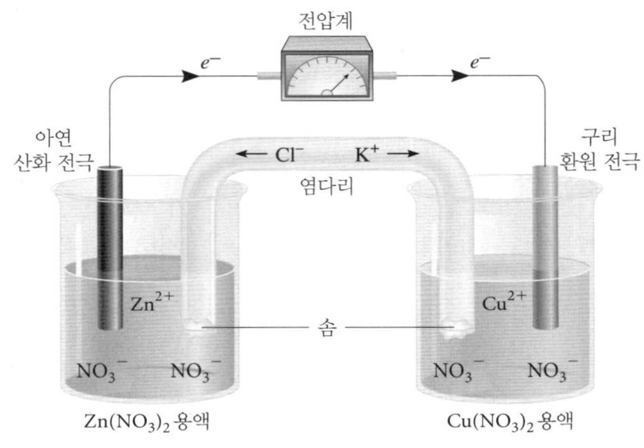

화학 전지

실험 2. 농도차 전지

1. 0.10 M과 0.0010 M 질산 구리 용액을 각각 100 mL 씩을 취하여 2개의 비커에 각각 넣고 각 비커에 구리 전극을 넣고 실험 1과 유사하게 장치한 다음 전압계를 이용하여 이 전지의 전압을 측정한다.
2. 0.10 M 질산 구리 용액을 고정하고 0.010 M, 0.10 M 질산 구리 용액을 사용하여 동일한 실험을 반복한다.
3. 이 실험을 바탕으로 Faraday 상수를 구한다.

4 자료

1. Zn^{2+}(*aq*, 1.0 M)/Zn(*s*)의 표준 환원 전위: −0.76 V
2. Cu^{2+}(*aq*, 1.0 M)/Cu(*s*)의 표준 환원 전위: 0.34 V

3. $Zn(NO_3)_2 \cdot 6H_2O$의 화학식량: 297.0 g/mol
4. $Cu(NO_3)_2 \cdot 3H_2O$의 화학식량: 241.60 g/mol
5. KCl의 화학식량: 74.551 g/mol
6. Faraday 상수: 96,485 C/mol

5 실험 결과 처리

1. Galvanic Cell의 전지 전위

문헌에 주어진 두 전극의 산화–환원 전위는 다음과 같다.

$$\text{산화 전극: } Zn(s) \longrightarrow Zn^{2+}(aq) + 2e^- \qquad E_{anoce} = 0.76\ V$$

$$\text{환원 전극: } Cu^{2+}(aq) + 2e^- \longrightarrow Cu(s) \qquad E_{cathoce} = 0.34\ V$$

따라서 전지 전위는 1.10 V가 얻어진다.

$$E_{cell} = 0.76 + 0.34 = 1.10\ V$$

2. 농도차 전지의 전지 전위를 이용하여 얻은 Faraday 상수

25°C에서 0.10 M과 0.010 M의 질산 구리 용액으로 만들어진 전지의 전위는 0.0288 V로 측정되었다.

$$0.0288\ V = -\frac{8.31\ J/mol \cdot K \times 298.15\ K}{2\ F} \ln \frac{0.010M}{0.10M}$$

$$F = 99{,}000\ C/mol$$

화학 전지

소속대학		실험일자	
학과(학부)		제출일자	
학번		담당교수	
성명		확인	

1. Galvanic Cell

질산 아연의 농도 (M)	
질산 구리의 농도 (M)	
발생하는 예상 전압 (V)	
측정 전압 (V)	

전압 계산식

절취선

2. 농도차 전지

	실험 1	실험 2	실험 3	실험 4
환원 전극의 Cu^{2+}의 농도 (M)				
산화 전극의 Cu^{2+}의 농도 (M)				
관찰된 전위차 (V)				
계산된 전위차 (V)				

Faraday 상수 계산식:

2. 생각해보기

※ 전지의 기전력과 반응의 자발성에 대하여 기술하여라.

※ 세포의 세포막 안과 밖에 존재하는 K^+ 이온의 농도 차이에 의한 전위차의 중요성에 대하여 기술하여라.

실험 20

Laboratory Experiments for General Chemistry

전기분해

1 실험 배경

화학 전지에서와 같이 일반적으로 산화 전위가 큰 금속 A를 산화 전위가 작은 금속 B의 염용액에 담그면 금속 B가 금속 A의 표면에 석출되고 석출량과 같은 당량의 금속 A가 산화되어 이온으로 용액 속으로 녹아 들어간다. 반대로 금속 A의 염용액에 금속 B를 담그면 반응이 일어나지 않는다. 예를 들어 황산 아연 용액에 철판을 담그면 화학 변화는 일어나지 않는다. 그러나 철판을 음극, 비활성 금속 또는 아연판을 양극으로 하여 일정 전압(분해 전압)보다 높은 전압을 걸어주고 전류를 통하면 철판에 금속 아연이 석출된다. 이와 같이 외부에서 알맞은 전압으로 전류를 통하여 주어 전극 표면에서 전해질이 화학 변화를 일으키게 하는 것을 전기분해(electrolysis) 또는 전해라고 한다.

용융된 상태에서 이온 결합 화합물인 소금을 전기분해하여 소듐 금속과 염소 기체를 제조할 수 있다. 용융 소금에서 양이온과 음이온은 각각 Na^+ 이온과 Cl^- 이온이다. 전해 전지(electrolytic cell)는 전지와 연결되어 있는 한 쌍의 전극으로 구성되어 있다. 전지는 산화가 일어나는 양극으로부터 전자가 나와서 환원이 일어나는 음극으로 전자가 이동된다. 전극 반응은 다음과 같다.

양극 (산화): $2Cl^-(l) \longrightarrow Cl_2(g) + 2e^-$

음극 (환원): $2Na^+(l) + 2e^- \longrightarrow 2Na(l)$

전체: $2Na^+(l) + 2Cl^-(l) \longrightarrow 2Na(l) + Cl_2(g)$

주로 이 과정을 이용하여 순수한 소듐 금속과 염소 기체를 제조한다.

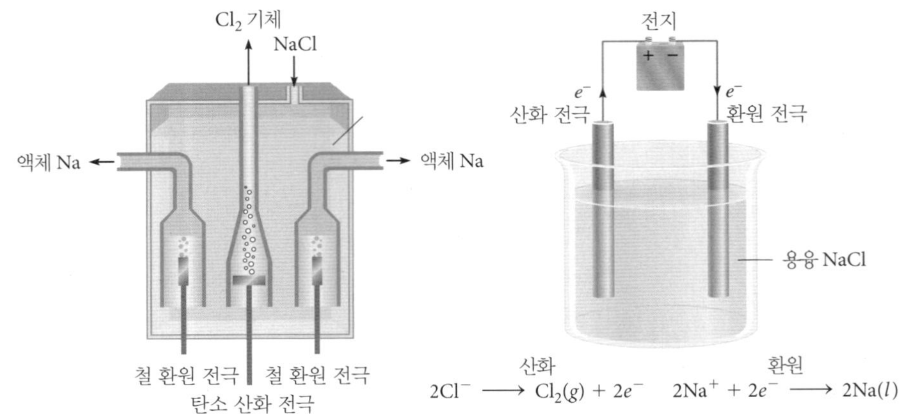

용융된 상태 소금의 전기분해

전체 과정의 이론적 기전력(E^o)은 약 -4 V이다. 이 값은 위 전지 반응이 비자발적임을 의미한다. 따라서, 최소한 4 V의 전압을 걸어주어야 위의 반응을 진행시킬 수 있다. 그러나 실제로는 이보다 더 큰 전압을 걸어야 된다. 그 이유는 실제 전기분해 과정이 효율적으로 일어나기 힘들기 때문이다. 따라서, 실제로 전기분해가 일어나기 위하여 이론적인 전압보다 더 많이 걸어주어야 하는데, 이 전압을 과전압이라 한다.

1기압, 25°C에서 다음 반응의 표준 자유 에너지 변화(ΔG^o)가 큰 양의 값을 갖기 때문에, 비커에 들어 있는 물이 자발적으로 산소와 수소 기체로 분해되지는 않을 것이다.

$$2H_2O(l) \longrightarrow 2H_2(g) + O_2(g) \quad \Delta G^o = 474.2\ \text{kJ/mol}$$

그러나 이 반응은 전지에서는 일어날 수 있다. 전해 전지는 물에 담근 백금 같은 비활성 금속으로 만들어진 한 쌍의 전극으로 이루어져 있다. 순수한 물에서는 전극들을 전지에 연결하더라도 전기를 운반할 충분한 이온들이 없기 때문에 아무 일도 일어나지 않는다. 반면에 이 반응은 0.1 M H_2SO_4 용액에서는 잘 일어나는데, 이는 전기를 전도할 충분한 양의 이온들이 존재하기 때문이다. 곧, 두 전극에서는 기체의 거품이 일어나기 시작할 것이다. 양극에서의 과정은 아래와 같다.

$$2H_2O(l) \longrightarrow O_2(g) + 4H^+(aq) + 4e^-$$

한편 음극에서의 과정은 다음과 같다.

$$2H^+(aq) + 2e^- \longrightarrow H_2(g)$$

따라서, 전체 반응은 다음과 같다.

양극 (산화):	$2H_2O(l) \longrightarrow O_2(g) + 4H^+(aq) + 4e^-$	$E^o = -1.23$ V
음극 (환원):	$4H^+(aq) + 4e^- \longrightarrow 2H_2(g)$	$E^o = 0.00$ V
전체 :	$2H_2O(l) \longrightarrow 2H_2(g) + O_2(g)$	$E^o = -1.23$ V

전지 반응에서 H_2SO_4의 소모가 없다는 것에 유의하여라.

이 때 석출되는 물질의 질량은 통해준 전하량에 비례하며, 일정한 전하량에 의해 석출되는 물질의 질량은 그 물질의 당량에 비례한다. 이 법칙을 Faraday의 법칙이라고 한다. 일반적으로 전기분해 실험에서는 주어진 시간 동안에 전기분해 전지를 통해 흐르는 전류(암페어, A)를 측정한다. 전하량(쿨롱, C)과 전류 사이의 관계는 다음과 같다.

$$1\ \mathrm{C} = 1\ \mathrm{A} \times 1\ \mathrm{s}$$

여기서 1쿨롱(C)은 1암페어(A)의 전류가 1초 동안에 회로의 어떤 점을 통과하는 전하량이다.

1그램 당량의 물질을 전기분해하기 위하여 96,485 C의 전하량이 필요한데, 이 전하량을 1 *F*(Faraday)라고 부른다. 이는 Avogadro수(6.02×10^{23}) 만큼의 전자(1.6×10^{-19} C)가 갖는 전하량이다. 그러므로 전기분해 실험에서 생성되는 물질의 질량은 그 물질의 당량과 통해준 전하량으로부터 구할 수 있으며, 또한 이와 반대로 통해준 전하량은 생성되는 물질의 당량수로부터 계산할 수 있다.

2 실험 기구 및 시약

구리판(1×7 cm^2, 또는 지름 10 mm의 구리관) 2개, 100원짜리 동전, 직류 전류 발생 장치 1개, 악어 클립(붉은색, 검정색)이 달린 구리 도선(50~100 cm) 3개, 클램프 2개, 사포, 전자 저울, 비커, 세척병, 0.1 M $CuSO_4 \cdot 5H_2O$

- 0.1 M $CuSO_4$ 용액: 100 mL 부피 플라스크에 2.497 g의 $CuSO_4 \cdot 5H_2O$를 넣고 1 M 황산 용액으로 녹인 다음 표선까지 황산 용액을 채운다.

3 실험 과정

실험 1. 용액으로부터 구리의 석출

1. 직류 전류 발생 장치를 이용하여 전기분해 장치를 구성한다.
2. 두 개의 구리 전극을 사포로 깨끗이 닦은 후 구리 전극의 질량을 잰다.
3. 250 mL 비커에 0.1 M $CuSO_4$ 용액 100 mL를 넣고 한 개의 구리 전극에 음극을 다른 구리 전극에 양극을 연결하여 전기분해 장치를 꾸민다(예비 실험을 통하여 음극에서 구리만 석출되는 전위를 찾아야 한다. 2 V 이상이 되면 물이 전기분해되어 수소가 발생된다).
4. 회로를 연결하고 전류를 0.2~0.5 A에 고정하고 정확히 10분간 전기분해를 한다.
5. 두 개의 구리판을 꺼내어 증류수로 씻은 후 100°C 오븐에서 완전히 건조한 후 그 질량을 재어 기록한다.

6. 석출된 구리의 양(또는 감소한 구리의 양)과 구리의 당량으로부터 Faraday 상수를 구한다.

실험 2. 동전의 도금

1. 동전과 구리 전극의 질량을 잰 후 250 mL 비커에 0.1 M $CuSO_4$ 용액 100 mL를 넣고 구리 전극에 양극을, 동전에 음극을 연결하여 전기분해 장치를 꾸민다.
2. 회로를 연결하고 전류를 0.2~0.5 A에 고정하고 정확히 10분간 전기분해를 한다. 동전의 색깔 변화를 관찰하고 증류수로 씻은 후 100°C 오븐에서 건조한 후 그 질량을 재어 기록한다.

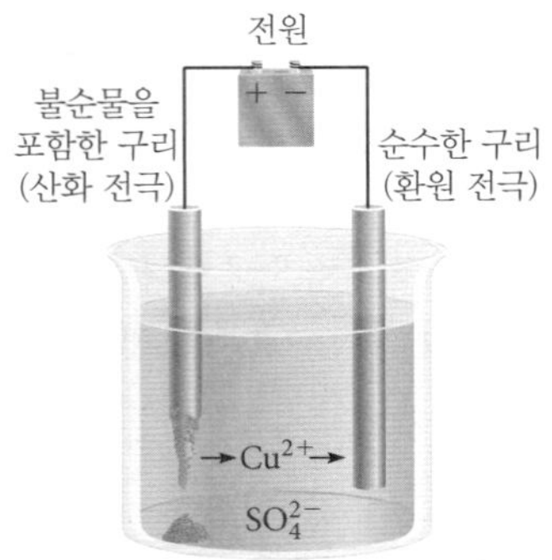

전기 분해에 의한 구리의 정제

4 자료

1. $CuSO_4 \cdot 5H_2O$의 화학식량: 249.7 g/mol
2. 1 F = 96,485 C/mol
3. 구리의 환원 전위: 0.34 V

5 실험 결과 처리

1. Faraday 상수의 계산

0.500 A의 전류를 10.0분간 흘려주었을 때 얻어지는 구리의 양이 0.100 g이었다.

- 흘려준 전하량 = 0.500 A × 10.0분 × 60초/분 = 300 C
- 구리의 1 몰 = 2 당량 = 63.546 g/mol
- 구리의 1 당량 = 31.773 g/당량

- $\text{생성된 구리의 당량} = \dfrac{0.100\ \text{g}}{31.773\ \text{g/당량}} = 0.00315\ \text{당량}$

- $1\ F = \dfrac{300\ \text{C}}{0.00315\ \text{당량}} = 94{,}420\ \text{C/당량}$

2. 실험 오차의 계산

- $\text{실험 오차} = \dfrac{(96{,}485 - 94{,}420)\ \text{C}}{96{,}485\ \text{C}} \times 100 = 2.14\%$

전기분해

소 속 대 학		실 험 일 자	
학과(학부)		제 출 일 자	
학 번		담 당 교 수	
성 명		확 인	

1. 용액으로부터 구리의 석출

전기분해 전의 구리 전극의 질량 (g)		평균 전류 (A)	
전기분해 후의 구리 전극의 질량 (g)		전기분해 시간 (s)	
석출된 구리의 질량 (g)		사용된 총 전하량 (C)	
석출된 구리의 몰수 (mol)		Faraday 상수 (C/당량)	
석출된 구리의 당량수 (당량)		실험 오차 (%)	

계산식

절취선

2. 동전의 도금

전기도금 전의 동전의 색깔		전기도금 후의 동전의 질량 (g)	
전기도금 후의 동전의 색깔		동전 표면에 석출된 구리의 질량 (g)	
전기도금 전의 동전의 질량 (g)			

3. 생각해보기

※ 도금의 중요성에 대하여 기술하여라.

실험 **21**

킬레이트 화합물의 합성

1 실험 배경

전이 금속은 근본적으로 착이온을 형성하려는 경향을 갖는다. 배위 화합물(coordination compound)은 대체로 착이온과 그 상대 이온으로 구성된다. 배위 화합물의 성질은 1893년 Alfred Werner의 연구에 의하여 제안된 배위 이론(coordination theory)으로 설명할 수 있다.

착이온에서 금속에 결합된 분자나 이온을 리간드(ligand)라고 한다. 금속 원자와 리간드 사이의 상호작용은 Lewis 산–염기 작용으로 생각할 수 있다. 염기는 한 쌍이나 그 이상의 전자쌍을 제공할 수 있는 물질이다. 모든 리간드는 적어도 하나 이상의 비공유전자쌍을 가진다. 따라서 리간드는 Lewis 염기 역할을 한다. 반면 전이 금속은 Lewis 염기로부터 전자를 받아서 공유하는 Lewis 산으로 작용한다. 이에 따라 금속–리간드 결합은 보통 배위 공유 결합이라 한다.

배위 화합물에서 리간드의 이름

리간드	배위 화합물에서 리간드의 명칭
Bromide, Br^-	Bromo
Chloride, Cl^-	Chloro
Cyanide, CN^-	Cyano
Hudroxide, OH^-	Hydroxo
Oxide, O^{2-}	Oxo
Carbonate, CO_3^{2-}	Carbonato
Nitrite, NO_2^-	Nitro
Oxalate, $C_2O_4^{2-}$	Oxalato
Ammonia, NH_3	Ammine
Carbon monoxide, CO	Carbonyl
Water, H_2O	Aquo
Ethylenediamine(*en*)	Ethylenediamine
Ethylenediaminetetraacetate(EDTA)	Ethylenediaminetetraacetato

리간드가 전이 금속과 1개의 배위 결합을 형성하는 경우에는 한 자리(monodentate) 리간드라고 하고, 전이 금속과 2개 또는 3개의 배위 결합을 형성하는 경우에는 각각 두 자리(bidentate), 세 자리(tridentate) 리간드라고 한다. 대표적인 두 자리 리간드는 ethylenediamine(*en*)이다. 아래 그림은 세 개의 ethylenediamine이 금속에 결합하여 6배위 화합물을 만든 경우를 나타낸다.

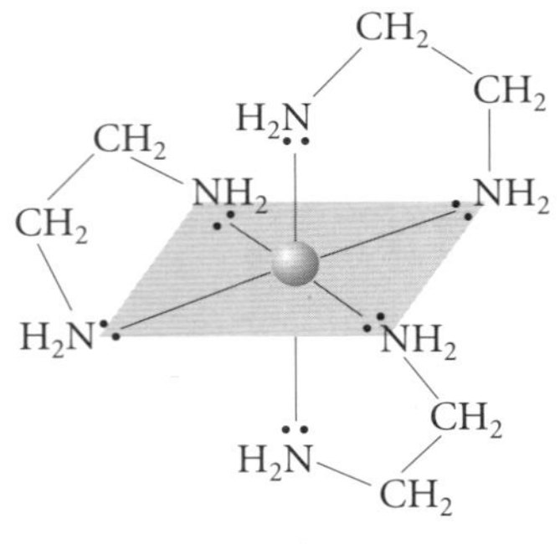

$[M(en)_3]^{n+}$의 구조

두 자리와 여러 자리 리간드는 "고리(그리스어, chele)"처럼 금속 원자를 꽉 잡을 수 있는 성질 때문에 킬레이트 시약(chelating agent)이라 한다. 예를 들어 독성 금속을 제거하는 데 이용되는 여러 자리 리간드, 에틸렌다이이아민테트라아세트산(ethylenediaminetetraacetate, EDTA) 이온을 들 수 있다. EDTA는 6개의 주개 원자를 가지고 있어 납 이온과 대단히 안정한 착이온을 형성할 수 있다. 독성 금속은 이와 같이 착물을 형성하여 혈액과 조직으로부터 제거되면서 인체에서 배설된다. EDTA는 또한 방사능 금속 찌꺼기를 제거하는 데도 사용된다.

아세틸아세톤(2,4-pentanedione, acacH), $CH_3COCH_2COCH_3$는 약산으로 수용액에서 이온화할 수 있는 전형적인 β-diketone이다.

$$CH_3COCH_2COCH_3 \rightleftharpoons H^+ + CH_3COCHCOCH_3^-$$

또한 아세틸아세톤은 keto-enol 토토머간의 평형으로 존재한다.

keto-형태 $\rightleftharpoons$ enol-형태

이 때 생성된 음이온은 금속과 착물을 형성하는 리간드로서 역할을 한다. 일반적으로 아세틸아세토네이트 리간드를 포함하는 결정성 고체 착물은 중성이다.

$$xCH_3COCH_2COCH_3 + M^{x+} \rightleftharpoons xH^+ + M(CH_3COCHCOCH_3)_x$$

$M(acac)_3$ 착물에서 MO_6은 팔면체 구조를 나타낸다. $M(acac)_x$ 착물에서 육원자 고

리, MO_2C_3는 평면으로 존재하면서 6개의 π-전자를 지니고 있기 때문에, 이것은 약한 방향족성(aromaticity)을 가지고 있다.

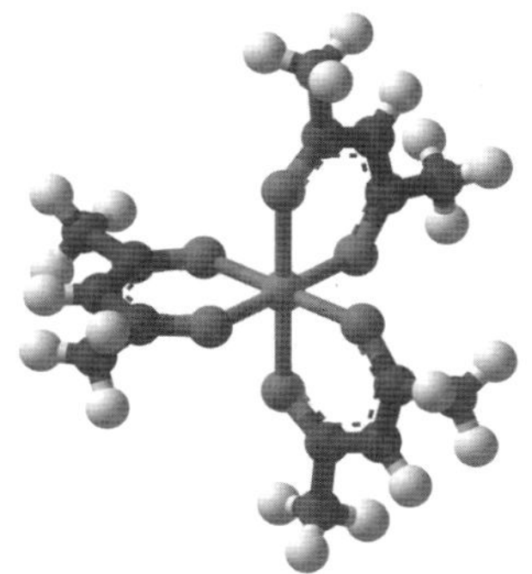

$Cr(acac)_3$의 구조

옥살산 이온(oxalate, ox^{2-}), $^{-}O_2CCO_2^{-}$는 약산인 옥살산의 -2가 이온이다. 금속과 반응하여 안정한 착물을 형성한다.

$$CuSO_4 \cdot 5H_2O + 2K_2C_2O_4 \cdot H_2O \longrightarrow K_2[Cu(C_2O_4)_2] \cdot 2H_2O + K_2SO_4 + 4H_2O$$

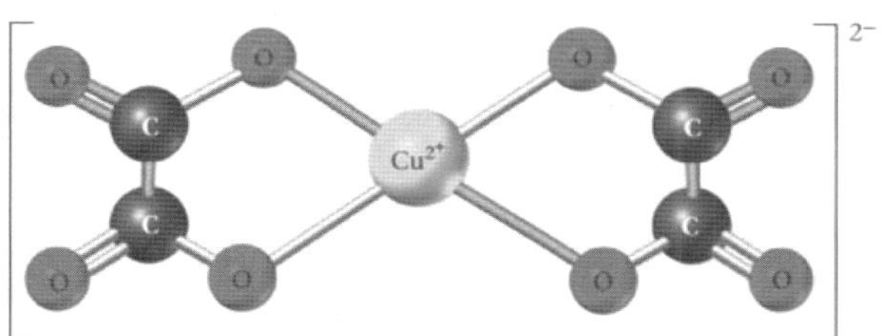

$[Cu(C_2O_4)_2]^{2-}$의 구조

2 실험 기구 및 시약

100 mL 삼각 플라스크, 피펫, 비커, 가열판, 깔때기, 거름종이, 세척병, $CrCl_3 \cdot 6H_2O$, 아세틸아세톤($CH_3COCH_2COCH_3$, 2,4-펜테인다이온), 요소(NH_2CONH_2), $CuSO_4 \cdot 5H_2O$, $2K_2C_2O_4 \cdot H_2O$, 증류수

3 실험 과정

실험 1. $Cr(acac)_3$의 합성

1. 증류수 50 mL를 100 mL 삼각 플라스크에 넣고 1.4 g의 $CrCl_3 \cdot 6H_2O$를 녹인다.
2. $CrCl_3 \cdot 6H_2O$가 완전히 녹은 후에 10 g의 요소를 고체 상태로 조금씩 넣고 피펫을 사용해서 3.0 mL의 아세틸아세톤을 넣는다. 이때 사용한 아세틸아세톤의 양은

$CrCl_3$의 3당량보다 약간 과량을 사용하면 반응을 완결시키는데 도움이 된다.

3. 삼각 플라스크를 물중탕에서 자석 교반기로 반응 물질을 잘 저어주면서 서서히 80~90°C까지 가열한다.
4. 반응이 진행되면서 요소가 암모니아와 이산화 탄소로 분해되면서 용액이 염기성으로 바뀌고 짙은 자주색이 된다. 약 30분간 더 가열하여 반응을 완결시킨다.
5. 반응 용액을 천천히 냉각시키면 삼각 플라스크 안에 짙은 보라색의 결정이 생긴다.
6. 용액을 걸러서 결정을 분리하고, 2 mL의 증류수로 세 번 결정을 조심스럽게 씻는다.
7. 분리한 결정을 공기 중에서 잘 말려 질량을 측정한 후 수득률을 계산하고, 녹는점을 측정한다.

실험 2. $K_2[Cu(ox)_2] \cdot 2H_2O$의 합성

1. 100 mL 삼각 플라스크에 2.00 g의 황산 구리 5수화물($CuSO_4 \cdot 5H_2O$)을 넣고 증류수 10 mL를 넣은 후 완전히 녹을 때까지 가열한다.
2. 또 다른 100 mL 삼각 플라스크에 3.00 g의 옥살산 포타슘 1수화물($K_2C_2O_4 \cdot H_2O$)을 넣고 증류수 15 mL를 넣은 후 실온에서 완전히 녹인다.
3. 두 용액을 60°C에서 가열한 후, 교반하면서 구리 용액을 옥살산 용액에 천천히 첨가한다(이 때 순서를 바꾸어 옥살산 용액을 구리 용액에 첨가하면 생성되는 결정이 매우 작다).
4. 반응 혼합물을 얼음 중탕에서 냉각한 후, 결정을 여과하여 얻는다.
5. 결정을 5 mL의 차가운 증류수로 조심스럽게 두 번 씻고, 10 mL의 에탄올로 씻는다.
6. 결정을 포함하는 거름종이를 페이퍼 타월에 옮겨 물기를 제거한다.
7. 분리한 결정을 공기 중에서 잘 말려 질량을 측정한 후 수득률을 계산한다.

4 자료

1. $CrCl_3 \cdot 6H_2O$의 화학식량: 266.45 g/mol
2. $CH_3COCH_2COCH_3$: 화학식량 100.13 g/mol, 밀도 0.98 g/mL
3. NH_2CONH_2의 화학식량: 60.06 g/mol
4. $Cr(acac)_3$: 화학식량 349.32 g/mol, 녹는점 216°C
5. $CuSO_4 \cdot 5H_2O$의 화학식량: 249.68 g/mol
6. $K_2C_2O_4 \cdot H_2O$의 화학식량: 184.24 g/mol
7. $K_2[Cu(C_2O_4)_2] \cdot 2H_2O$의 화학식량: 353.83 g/mol

5 실험 결과 처리

1. $Cr(acac)_3$의 수득률

1.40 g(0.00525 mol)의 $CrCl_3 \cdot 6H_2O$를 사용하여 1.40 g의 $Cr(acac)_3$를 얻었다.

- 이론적인 수득량 $= \dfrac{1.40\ g}{266.45\ g/mol} \times 349.32\ g/mol = 1.84\ g$
- % 수득률 $= \dfrac{1.40\ g}{1.84\ g} \times 100 = 76.1\%$

2. $K_2[Cu(C_2O_4)_2] \cdot 2H_2O$의 수득률

2.00 g의 황산 구리 5수화물(0.00801 mol)을 사용하여 2.68 g의 $K_2[Cu(C_2O_4)_2] \cdot 2H_2O$를 얻었다.

- 이론적인 수득량 $= \dfrac{2.00\ g}{249.48\ g/mol} \times 353.83\ g/mol = 2.83\ g$
- % 수득률 $= \dfrac{2.68\ g}{2.83\ g} \times 100 = 94.7\%$

킬레이트 화합물의 합성

소속대학 ______________ 실험일자 ______________

학과(학부) ______________ 제출일자 ______________

학　번 ______________ 담당교수 ______________

성　명 ______________ 확　인 ______________

1. $Cr(acac)_3$

$CrCl_3 \cdot 6H_2O$의 질량 (g)		$Cr(acac)_3$의 이론적인 수득량 (g)	
$CrCl_3 \cdot 6H_2O$의 몰수 (mol)		$Cr(acac)_3$의 얻어진 양 (g)	
아세틸아세톤의 질량 (g)		백분 수득률 (%)	
아세틸아세톤의 몰수 (mol)		$Cr(acac)_3$의 녹는점	

백분 수득률 계산식:

절취선

2. $K_2[Cu(C_2O_4)_2] \cdot 2H_2O$

$CuSO_4 \cdot 5H_2O$의 질량 (g)		$K_2[Cu(C_2O_4)_2] \cdot 2H_2O$의 이론적인 수득량 (g)	
$CuSO_4 \cdot 5H_2O$의 몰수 (mol)		$K_2[Cu(C_2O_4)_2] \cdot 2H_2O$의 의 얻어진 양 (g)	
$K_2C_2O_4 \cdot H_2O$의 질량 (g)		백분 수득률 (%)	
$K_2C_2O_4 \cdot H_2O$의 몰수 (mol)			

백분 수득률 계산식:

3. 생각해보기

※ $Cr(acac)_3$와 같은 킬레이트 착화합물에서 거울상 이성질체에 대하여 기술하여라.

킬레이트 화합물의 분석: $K_2[Cu(C_2O_4)_2] \cdot 2H_2O$에서 Oxalate 함량 분석

1 실험 배경

산성의 조건에서 과망가니즈산 이온(MnO_4^-)은 Mn(II)로 환원된다. 반쪽 반응은 다음과 같다.

$$MnO_4^- + 8H^+ + 5e^- \longrightarrow Mn^{2+} + 4H_2O \qquad E^o = 1.51\ V$$

염기성의 조건에서 과망가니즈산 이온은 Mn(IV)로 환원된다. 반쪽 반응은 다음과 같다.

$$MnO_4^- + 4H^+ + 3e^- \longrightarrow MnO_2 + 2H_2O \qquad E^o = 1.70\ V$$

과망가니즈산 포타슘은 방치하면 자체 분해 반응으로 인하여 소량의 MnO_2에 의해 오염되어 1차 표준 물질로 사용하기는 어렵다.

옥살산 소듐은 종종 과망가니즈산 이온에 대해 표준화할 때 사용된다. 옥살산의 산화 반응에 대한 반쪽 반응은 아래와 같다.

$$C_2O_4^{2-} \longrightarrow 2CO_2 + 2e^- \qquad E^o = -0.49\ V$$

전체 반응식은 다음과 같으며, 이 반응은 자발적이다.

$$2MnO_4^- + 5C_2O_4^{2-} + 16H^+ \longrightarrow 2Mn^{2+} + 10CO_2 + 8H_2O \qquad E^\circ = 1.02\ V$$

Fe(II), As(III), Sb(III), H_2O_2, NO_2^-, $C_2O_4^{2-}$ 등은 과망가니즈산 이온에 의해 산화된다.

산화–환원 반응이 진행되는 동안 보라색을 띠는 과망가니즈산 이온의 색깔이 사라지며, 반응이 종결되었을 때, 반응 플라스크에 보라색의 과망가니즈산 이온 고유의 색이 나타나는 순간이 당량점이므로 별다른 지시약이 필요 없다.

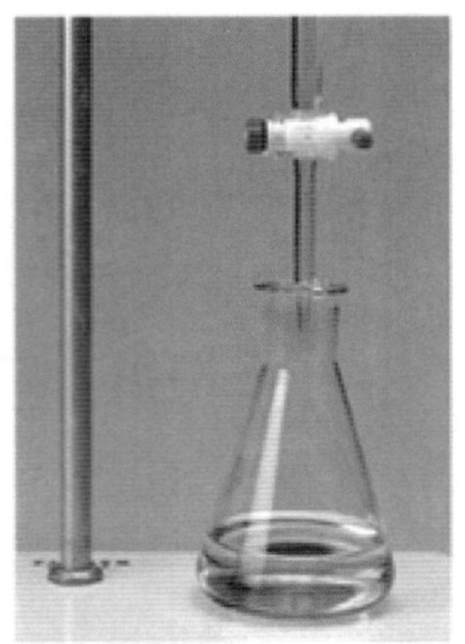

뷰렛을 이용한 적정

착화합물 $K_2[Cu(C_2O_4)_2] \cdot 2H_2O$에서 두 개의 옥살산 이온은 구리에 결합되어 있는 리간드이다. 산성 조건에서 $K_2[Cu(C_2O_4)_2] \cdot 2H_2O$을 과망가니즈산 이온으로 적정하면 옥살산 이온은 이산화 탄소로 산화된다. 이를 이용하여 착화합물에 존재하는 리간드인 옥살산 이온의 양을 정량적으로 분석할 수 있다.

2 실험 기구 및 시약

250 mL 삼각 플라스크 3개, 피펫, 뷰렛, 자석 교반기, 1 M 황산, 표준화된 0.0200 M $KMnO_4$ 용액, $K_2[Cu(C_2O_4)_2] \cdot 2H_2O$, 증류수

- 1 M H_2SO_4 용액: 100 mL 부피 플라스크에 30 mL의 증류수를 넣고, 얼음 중탕에서 냉각한다. 계속 냉각 상태를 유지하면서 98% H_2SO_4 5.44 mL를 천천히 넣고 표선까지 증류수를 채운다.
- 0.0200 M $KMnO_4$ 용액: 100 mL 부피 플라스크에 0.316 g의 $KMnO_4$을 넣고 증류수로 녹인 다음 표선까지 증류수를 채운다. 표준 시약급 옥살산 소듐으로 표준화한다(실험 7 참조).

3 실험 과정

1. 0.150 g의 $K_2[Cu(C_2O_4)_2] \cdot 2H_2O$를 정확하게 질량을 측정하여 250 mL 삼각 플라스크에 넣는다.
2. 50 mL의 증류수와 50 mL의 묽은 황산(1 M)을 삼각 플라스크에 조심스럽게 넣고 시료를 완전히 녹인다.
3. 70°C의 물중탕에서 반응 혼합물을 가열하면서 표준화된 0.020 M $KMnO_4$ 용액으로 적정한다. 플라스크를 잘 저어준다.

4. 반응이 느리므로 당량점 근처에서는 한 방울씩 $KMnO_4$ 용액을 첨가하고, 보라색이 사라지지 않는 순간 적정을 멈춘다.
5. 2회 더 실시한 반복실험의 결과로부터 평균값을 구한다.

4 자료

1. $KMnO_4$의 화학식량: 158.03 g/mol
2. $K_2[Cu(C_2O_4)_2] \cdot 2H_2O$의 화학식량: 353.83 g/mol
3. $C_2O_4^{2-}$의 화학식량: 88.02 g/mol

5 실험 결과 처리

0.150 g(0.424 mmol)의 $K_2[Cu(C_2O_4)_2] \cdot 2H_2O$를 표준화된 0.0200 M $KMnO_4$ 용액으로 적정할 때 가해진 용액의 부피는 17.00 mL이었다.

- 가해진 MnO_4^-의 몰수 $= 0.0200\ \text{M} \times 0.01700\ \text{L} = 0.34\ \text{mmol}$
- 옥살산 이온의 몰수 $= \frac{5}{2} \times 0.34\ \text{mmol} = 0.85\ \text{mmol}$
- 옥살산 이온의 양 $= 0.85\ \text{mmol} \times 88.02\ \text{g/mol} = 0.0748\ \text{g}$
- 옥살산 이온의 함량(%) $= \dfrac{0.0748\ \text{g}}{0.150\ \text{g}} \times 100 = 49.9\%$
- 옥살산 이온의 이론적인 함량(%) $= \dfrac{176.04\ \text{g}}{353.83\ \text{g}} \times 100 = 49.8\%$

킬레이트 화합물의 분석: $K_2[Cu(C_2O_4)_2]\cdot 2H_2O$에서 Oxalate 함량 분석

소속대학 ____________________ 실험일자 ____________________

학과(학부) ____________________ 제출일자 ____________________

학 번 ____________________ 담당교수 ____________________

성 명 ____________________ 확 인 ____________________

1. $KMnO_4$ 용액으로 $K_2[Cu(C_2O_4)_2]\cdot 2H_2O$의 적정

	1회	2회	3회
$K_2[Cu(C_2O_4)_2]\cdot 2H_2O$의 양 (g)			
$KMnO_4$ 용액의 농도 (M)			
적정한 $KMnO_4$ 용액의 부피 (mL)			
가해진 MnO_4^-의 몰수 (mmol)			
옥살산 이온의 몰수 (mmol)			
옥살산 이온의 양 (g)			
옥살산 이온의 함량 (%)			
옥살산 이온의 이론적인 함량 (%)		49.8	

계산식:

절취선

2. 생각해보기

※ $K_2[Cu(C_2O_4)_2] \cdot 2H_2O$ 화합물에 포함된 결정수를 정량적으로 분석할 수 있는 방법에 대하여 기술하여라.

실험 23

Laboratory Experiments for General Chemistry

아스피린의 합성

1 실험 배경

에스터(ester)는 일반식이 R′COOR이며, 여기서 R′은 수소 또는 탄화수소 그룹이고, R은 탄화수소 그룹이며, 매우 중요한 유기 화합물 중의 하나이다.

$$R{-}C({=}O){-}OH + HO{-}R' \longrightarrow R{-}C({=}O){-}OR' + H_2O$$

대부분 에스터는 향수 제조에 사용하며, 제과와 청량음료 산업에서 향미제로 이용된다. 에스터는 자연적으로 생성되며 꽃, 식물, 과일의 냄새와 맛을 내는 원인이 된다. 바나나는 아세트산 3-메틸뷰틸[$CH_3COOCH_2CH_2CH(CH_3)_2$], 오렌지는 아세트산 옥틸($CH_3COOCHCH_3C_6H_{13}$), 사과는 뷰티르산 메틸($CH_3CH_2CH_2COOCH_3$)을 각각 함유하고 있다. 또 다른 예는 페인트, 광택제, 액체 아교와 같은 생성물에 대한 용매로서 공업적으로 사용된다. 에스터는 알코올을 유기산과 반응시키면 생성되며 한 분자의 물이 함께 생성된다.

에스터를 합성하기 위하여 유기산과 알코올이 항상 필요한 것은 아니다. 오히려 유기산(RCOOH) 대신에 유기산 할로젠화물(RCOX) 또는 유기산 무수물(RCOOCOR)을 알코올과 반응시키면 에스터를 더욱 편리하게 만들 수 있다.

에스터의 작용기는 −COOR기이다. HCl과 같은 산-촉매 하에서 가수분해되어 카복실산과 알코올이 된다. 예를 들면, 산성 용액에서 아세트산 에틸(ethyl acetate)은 다음과 같이 가수분해한다.

$$\underset{\text{아세트산 에틸}}{CH_3COOC_2H_5} + H_2O \rightleftharpoons \underset{\text{아세트산}}{CH_3COOH} + \underset{\text{에탄올}}{C_2H_5OH}$$

그러나 알코올과 산으로부터 에스터가 생성되는 역반응이 크게 일어나기 때문에 이 반응은 완전히 진행되지는 않는다. 한편, 가수분해에서 NaOH 용액이 사용되면 아세트산 소듐(sodium acetate)과 에탄올이 반응하지 않으므로, 반응이 왼쪽에서 오른쪽으로 완전히 진행된다.

$$\underset{\text{아세트산 에틸}}{\underset{\uparrow}{CH_3COOC_2H_5}} + NaOH \rightleftharpoons \underset{\text{아세트산 소듐}}{\underset{\uparrow}{CH_3COO^-Na^+}} + \underset{\text{에탄올}}{\underset{\uparrow}{C_2H_5OH}}$$

이 때문에 에스터의 가수분해는 대개 염기성 용액에서 수행된다. NaOH는 촉매로 작용하는 것이 아니라 반응에 의해 소모된다. 비누화(saponification)라는 용어는 원래 비누(스테아르산 소듐)를 생성하는 지방산 에스터의 염기성 가수분해를 설명하는 데 사용하였다.

$$\underset{\text{스테아르산 에틸}}{\underset{\uparrow}{C_{17}H_{35}COOC_2H_5}} + NaOH \rightleftharpoons \underset{\text{스테아르산 소듐}}{\underset{\uparrow}{C_{17}H_{35}COO^-Na^+}} + \underset{\text{에탄올}}{\underset{\uparrow}{C_2H_5OH}}$$

에스터는 일상적으로 사용되는 의약품에서도 많이 발견된다. 버드나무 껍질에 함유된 살리실산이라는 물질에서 비롯된 아스피린은 기원전 1,500년쯤 고대 이집트에서 작성된 파피루스에서 언급된다. BC 400년쯤에는 "의학의 아버지"로 불리는 히포크라테스가 사용했다는 기록이 있다. 그후로도 아스피린은 해열과 소염에서 탁월한 효능을 보이며 사람들의 사랑을 받았다. 살리실산은 의학적인 효과가 있었지만 위벽을 자극하며 설사를 일으키고, 많이 먹을 경우 죽는 경우도 있었다. 1897년 독일 프리드리히 바이엘 사의 연구원 펠릭스 호프만은 살리실산의 하이드록시기를 아세틸기와 에스터화 반응을 시켜 아스피린을 만들었는데 살리실산의 부작용이 크게 줄어들었다. 이는 최초의 합성 의약품이다. 현대에 들어서 아스피린은 뇌졸중이나 심근경색을 예방하는 약으로 주목받고 있다. 혈관 속을 떠다니는 일종의 핏덩어리인 '혈전'이 생기지 않도록 하는 기능이 과학계에 의해 규명되면서 일반인 사이에선 '장수를 부르는 약'으로 떠올랐다.

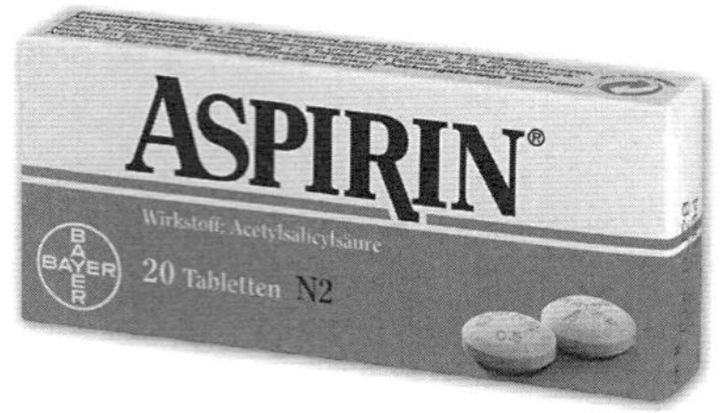

Bayer사의 아스피린 정

실험실에서도 쉽게 합성할 수 있는 아스피린(아세틸살리실산)은 분자 내에 카복실기와 에스터기를 포함하는 다음의 구조를 갖는 유기 화합물이다.

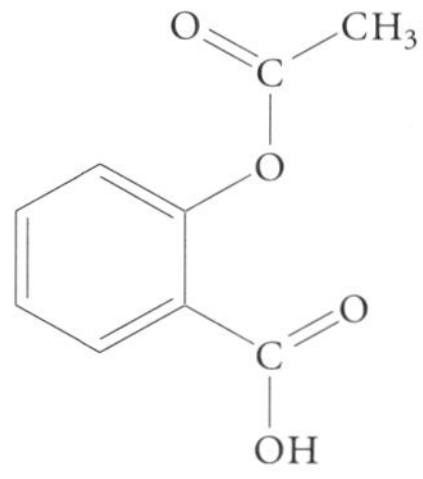

본 실험에서는 소량의 인산을 산촉매로 사용하여 아세트산 무수물과 살리실산을 반응시켜서 아스피린을 합성하고자 한다. 즉, 살리실산의 알코올 부분과 아세트산 무수물이 반응하면 아세트산 한 분자가 유리되며 에스터 화합물인 아스피린이 한 분자 생성된다.

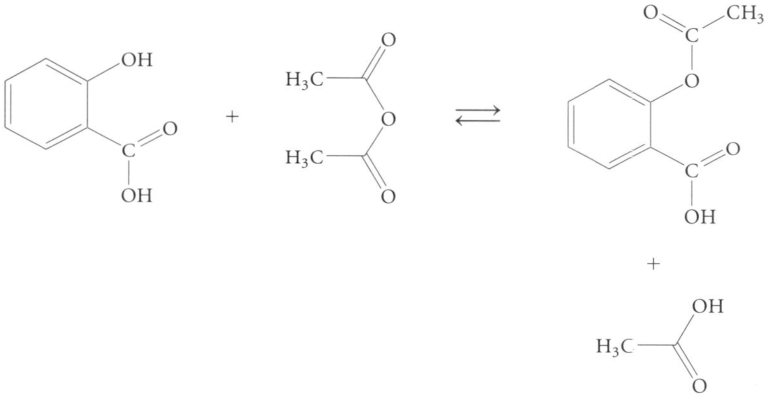

여기서 합성한 아스피린은 불순물이 많으므로 그대로 의약품으로 사용할 수는 없다. 아스피린은 녹는점이 135°C인 고체 화합물이며, 적절한 용매에서 재결정을 통하여 합성한 아스피린을 정제할 수 있다.

2 실험 기구 및 시약

시험관 1개(지름 10 mm), 10 mL 눈금 실린더 1개, 50 mL 비커 1개, 감압 여과 장치(Büchner 깔때기, 감압 플라스크, 아스피레이터), 가열판, 물중탕 수조, 전자 저울, 유리 막대, 스탠드, 클램프, 녹는점 측정 장치, 온도계, 거름종이, 아세트산 무수물(acetic anhydride), 살리실산(salicylic acid), 85% 인산(H_3PO_4)

3 실험 과정

실험 1. 아스피린 합성

1. 살리실산 1.00 g을 시험관에 넣고 아세트산 무수물 1.50 mL를 용기 벽을 따라 흘

려서 용기 벽에 묻은 살리실산을 모두 씻어 내린다.

2. 이 시험관을 물중탕으로 가열한다. 촉매로 85% 인산을 소량(3~4 방울) 가한 후 온도는 80°C 정도로 유지하면서 10분간 가열하여 반응을 완결시킨다.
3. 증류수 1 mL를 천천히 시험관에 가하여 여분의 아세트산 무수물을 분해시킨다. 이때 아세트산의 증기가 발생하는지 여부를 관찰하여라. 아세트산의 증기가 더 이상 발생되지 않으면(5분 정도 후) 물중탕에서 꺼내어 증류수 10 mL를 가하고 실온까지 냉각시킨다.
4. 이때 아스피린의 결정이 생성되는데, 결정이 생성되지 않으면 유리 막대로 시험관 안쪽 면을 긁어주거나 시험관을 흔들어 주면서 얼음물에 담가 냉각시킨다.
5. 생성된 결정을 감압 여과 장치를 이용하여 걸러낸 후 소량의 차가운 물로 씻어준다.
6. 얻은 결정을 다른 거름종이로 옮겨 80°C 오븐에서 10~20분간 완전히 말린 후 질량을 재어 수득률을 계산한다.

실험 2. 아스피린 정제

1. 불순물을 포함하는 합성된 아스피린 1 g 정도를 50 mL 비커에 넣고 5 mL 다이에틸에테르를 가하여 완전히 녹인다. 잘 녹지 않는 것은 거름종이로 걸러 제거한다.
2. 여과된 용액에 헥세인 15 mL를 가한다. 젓거나 흔들지 않는 상태로 이 비커를 얼음물에 담가 침전이 생성될 때까지 방치한다.
3. 아스피린 침전을 감압 여과로 거른 다음 다른 거름종이로 옮겨 말린 후 녹는점을 측정한다.
4. 가능하다면 TLC plate에 정제된 아스피린의 반점을 만들어 전개 용매에서 전개한 후 자외선으로 비추어 보았을 때 다른 불순물이 존재하는지를 확인한다.

주의

1. 반응 완결 후 과량의 아세트산 무수물에 물을 가하여 분해시킬 때 발생하는 뜨거운 증기를 조심한다.
2. 다이에틸에테르 및 헥세인은 인화성이 매우 크므로 아스피린을 다이에틸에테르에 녹여 정제할 때는 반드시 화기를 피해야 한다.

4 자료

1. 살리실산: 화학식량 138.12 g/mol, 녹는점 159°C
2. 아세트산 무수물: 화학식량 102.09 g/mol, 밀도 1.082 g/mL
3. 아스피린: 화학식량 180.15 g/mol, 녹는점 128~137°C

5 실험 결과 처리

1. 백분 수득률

1.00 g의 살리실산과 1.50 mL 아세트산 무수물이 반응하여 1.23 g의 아스피린을 얻었다.

- 사용한 살리실산의 몰수 $= \dfrac{1.00\ \text{g}}{138.12\ \text{g/mol}} = 0.00724\ \text{mol}$

아세트산 무수물의 밀도는 1.082 g/mL이므로 아세트산 무수물의 질량은 1.62 g(1.50 mL × 1.082 g/mL)이다.

- 사용한 아세트산 무수물의 몰수 $= \dfrac{1.62\ \text{g}}{102.09\ \text{g/mol}} = 0.0159\ \text{mol}$

살리실산에 비해 아세트산 무수물이 두 배 이상 사용되었으므로 한계 반응물은 살리실산이다. 생성되는 아스피린의 양은 살리실산의 몰수에 의해 결정된다.

- 아스피린의 이론 수득량 $= 0.00724\ \text{mol} \times 180.15\ \text{g/mol}$

  $= 1.30\ \text{g}$

- 아스피린의 백분 수득률 $= \dfrac{1.23\ \text{g}}{1.30\ \text{g}} \times 100$

  $= 94.6\%$

아스피린의 합성

소속대학 ______________ 실험일자 ______________

학과(학부) ______________ 제출일자 ______________

학　　번 ______________ 담당교수 ______________

성　　명 ______________ 확　　인 ______________

1. 아스피린의 합성

사용한 살리실산의 질량 (g)		아스피린의 질량 (g)	
사용한 아세트산 무수물의 부피 (mL)		아스피린의 이론적 수득량 (g)	
사용한 아세트산 무수물의 질량 (g)		아스피린의 백분 수득률 (%)	

계산식

2. 아스피린의 정제

불순한 아스피린의 녹는점 (°C)	
재결정한 아스피린의 녹는점 (°C)	
문헌값 (°C)	

절취선

3. 생각해보기

※ 아스피린과 같이 인류의 고질적인 병을 고치는데 기여한 의약들에 대하여 기술하여라.

실험 24

폴리에스터의 합성

1 실험 배경

중합체(polymer)란 작은 화학 구조가 반복하여 결합하여 이룬 거대한 분자이다. 중합체를 이루기 위한 작은 분자를 흔히 단량체(monomer)라고 부르며, 이와 같은 단량체가 중합체로 반응하는 과정을 중합(polymerization)이라고 한다. 사슬 모양의 중합체는 주로 공유 결합으로 연결되어 있으며, 같은 구조가 반복되어 있다. 이러한 반복 단위(repeating unit)는 중합체의 한 분자 내에 수십만 개가 반복되기도 한다.

$$\underset{\text{hexamethylenediamine}}{H_2N{-}(CH_2)_6{-}NH_2} + \underset{\text{adipic acid}}{HOOC{-}(CH_2)_4{-}COOH}$$

$$\downarrow \text{ 축합}$$

$$H_2N{-}(CH_2)_6{-}\underset{\underset{H}{|}}{N}{-}\overset{\overset{O}{\|}}{C}{-}(CH_2)_4{-}COOH + H_2O$$

$$\downarrow \text{ 축합 반응}$$

$${-}(CH_2)_4{-}\overset{\overset{O}{\|}}{C}{-}\underset{\underset{H}{|}}{N}{-}(CH_2)_6{-}\underset{\underset{H}{|}}{N}{-}\overset{\overset{O}{\|}}{C}{-}(CH_2)_4{-}\overset{\overset{O}{\|}}{C}{-}\underset{\underset{H}{|}}{N}{-}(CH_2)_6{-}$$

단량체의 중합 과정

자연에 존재하는 중합체는 단백질, 핵산, 셀룰로오스, 고무 등이다. 대부분 합성 중합체는 유기 화합물이다. 우리에게 친숙한 예로서, 나일론, 데이크론, 테플론, PVC, PET, 폴리에틸렌, 루사이트 등이다.

중합체의 종류는 무수히 많다. 흔히 사용되는 중합체의 종류만 하여도 수십 종류가 된다. 이와 같이 중합체의 종류가 다양하고 나타내는 물성 또한 다양하기 때문에 여러 분야에 요구되는 특성에 맞게 적용하여 사용되고 있다. 중합체는 우수한 물성을 갖고 있을 뿐 아니라, 대량 생산에 의해 저렴하게 생산할 수 있고, 가벼워서 사용이 편리하고, 여러 형태로 가공이 가능한 점 등 여러 가지 장점이 있기 때문에 현재 그 수요가 많이 확대되고 있다.

중합체의 분자 구조에 기초를 둔 분류 방법은 여러 가지가 있다. 열가소성 중합체(thermoplastic polymer)는 플라스틱이라고도 하며, 선형 중합체 또는 가지달린 중합체의 형태로 되어 있다. 열가소성 중합체는 열을 가하면 녹으므로, 사출(injection) 또는 압출(extrusion) 등의 가공 방법에 따라 다양한 형태의 성형품을 제조할 수 있다. 탄성체(elastomer)는 고무(rubber) 상태의 물질을 가교시켜 제조한 것이다. 이러한 물질에 외부의 힘을 가하면 쉽게 늘어나며, 힘을 제거하면 원래의 형태로 회복된다. 가황 고무(vulcanized rubber)가 전형적인 고무 탄성체의 구조를 나타낸다.

열경화성 중합체(thermosetting polymer)는 가교된 딱딱한 형태를 이룬다. 가교 밀도가 높으므로 열을 가하거나, 외부에서 힘을 가하여도 파괴되기 전에는 변형되지 않는다. 열가소성 중합체는 열을 가하면 녹으므로 다시 가공하여 성형품을 제조할 수 있는 반면, 열경화성 중합체는 3차원 구조가 이미 결정되어 있으므로 열을 가하여도 변형되지 않는다.

폴리에스터는 폴리카보네이트(polycarbonate), PET(poly(ehtyleneterephthalate)) 등과 같이 주사슬에 에스터기를 포함하는 축합 중합체의 일종이다. 테릴렌(Terylene)은 영국에서 최초로 생산된 폴리에스터 섬유이다. 그것이 미국으로 건너가 1951년 듀퐁(DuPont)사의 데이크론(Dacron)이란 상표명으로 생산되게 되었다. 일반적으로는 폴리에스터는 2가 이상의 알코올과 2가 이상의 카복실산의 축합 중합에 의해 만들어진다. 대표적인 폴리에스터인 PET는 ethyleneglycol과 terephthalic acid와의 반응으로 생성되며 구조는 다음과 같다.

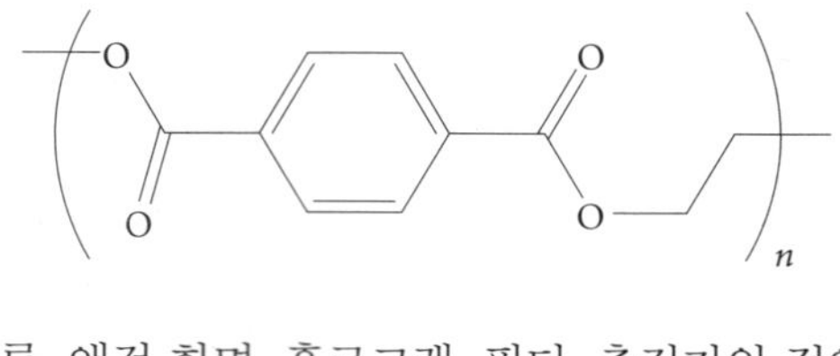

폴리에스터는 병, 필름, 액정 화면, 홀로그램, 필터, 축전기의 절연체, 전선 피복, 절연테이프 등에 사용된다. 또한 폴리에스터는 기타, 피아노, 자동차, 요트 내장재와 같은 고품질의 목재 제품의 도포 재료로도 사용된다.

PET 병

폴리에스터의 합성 방법은 다양하다. 고전적으로 2가 알코올과 2가 카복실산이 반응하여 폴리에스터를 만들며 부산물로 생성되는 물을 azeotrope를 이용한 증류를 통하여 반응 용기로부터 계속해서 제거함으로써 수득률을 높인다.

$$n\ (\text{O}, \text{O}, \text{O}) + n\ \text{HO}\diagup\!\!\diagdown\!\text{OH} \longrightarrow \left(\text{O} \quad \text{O} \quad -\text{OCH}_2\text{CH}_2\text{O}- \right)_n + n\ H_2O$$

2 실험 기구 및 시약

시험관 1개, 5 mL 눈금 피펫 1개, 유리 막대 1개, 가열판, 기름 중탕, 알코올 램프, 전자 저울, 프탈산 무수물, 무수 아세트산소듐, 에틸렌글라이콜

3 실험 과정

1. 잘 건조된 시험관에 3.0 g의 프탈산 무수물을 넣고 촉매로 사용할 0.1 g의 무수 아세트산 소듐을 넣는다.
2. 이 시험관에 1.2 mL(1.3 g)의 에틸렌글라이콜을 넣는다.
3. 유리 막대로 저어주면서 기름 중탕(또는 알코올 램프를 사용)으로 혼합물을 서서히 가열하여 프탈산 무수물을 녹인다.

4. 용액이 끓기 시작하면 부산물인 물은 제거되며, 5~6분 더 가열한다.
5. 냉각 후 유리 막대로 용액의 점도를 확인한다(점도가 크지 않으면 반응이 완결된 것이 아니므로 추가로 가열한다).

4 자료

1. 프탈산 무수물($C_8H_4O_3$)의 화학식량: 148.1 g/mol
2. 에틸렌글라이콜($C_2H_6O_2$): 화학식량 62.07 g/mol, 밀도 1.1132 g/mL

폴리에스터의 합성

소속대학		실험일자	
학과(학부)		제출일자	
학　　번		담당교수	
성　　명		확　　인	

1. 폴리에스터의 합성

프탈산 무수물의 질량 (g)	
프탈산 무수물의 몰수 (mol)	
무수 아세트산 소듐의 질량 (g)	
에틸렌글라이이콜의 질량 (g)	
에틸렌글라이이콜의 몰수 (mol)	
생성된 폴리에스터의 질량 (g)	
폴리에스터의 백분 수득률 (%)	

계산식

절취선

2. 생각해보기

※ 폴리에스터의 용도에 대하여 기술하여라. 천연으로 얻어지는 폴리에스터의 예를 들어보아라.

실험 25

Laboratory Experiments for General Chemistry

금 나노 입자의 합성

1 실험 배경

접두사 "나노"는 10^{-9}을 의미한다. 흔히 "나노 기술"을 말할 때 1~100 nm 크기로 소자를 만드는 것을 의미한다. 반도체와 금속의 성질이 이 크기 범위에서 본래의 큰 덩어리의 물질에 비하여 크게 변한다는 것이 알려지게 되었다. 1~100 nm의 크기를 갖는 나노 소재(nanomaterials)들에 대한 연구가 집중적으로 진행되고 있으며, 화학은 나노 물질 연구의 중심 역할을 하고 있다.

작은 분자에서 전자들은 이산적인 분자 궤도함수를 차지하고 있는 반면에 거시적인 고체에서 전자들은 비편재화된 띠에 채워지고 있다. 크기가 달라질 때 어느 시점에서 분자가 점점 커져 전자가 편재화된 분자 궤도함수에 존재하게 된다. 정확한 수치는 개개의 반도체 물질에 따라 달라지지만 대개 반도체의 경우 그 크기는 대략 1~10 nm이다. 이 영향들은 1~10 nm에서 중요하기 때문에 이러한 크기 범위의 지름을 갖는 반도체 입자들을 일반적으로 양자점(quantum dots)이라 부른다.

양자점은 용액 속에서 화학 반응을 시켜서 쉽게 만들 수 있다. 예를 들어 CdS를 만들기 위해서는 $Cd(NO_3)_2$와 Na_2S를 물에서 혼합시켜 얻을 수 있다. 만약 두 물질만을 반응시키면 커다란 CdS의 결정을 얻을 수 있을 것이다. 그러나 polyphosphate($-(OPO_2)_n-$)와 같은 음전하를 띠는 중합체를 물에 첨가한다면 Cd^{2+}는 중합체의 영향으로 황화 이온과 반응하여 매우 작은 입자를 형성한다. 중합체는 CdS 입자의 성장에 매우 큰 역할을 한다. CdS와 같은 양자점은 크기에 따라 띠간격이 달라지므로 빛을 조사하면 다양한 색을 나타낼 수 있다.

금속들 역시 1~100 nm 길이에서 독특한 특징을 갖는다. 예를 들어, 지름이 20 nm 이하의 금 입자들은 보통의 금보다 훨씬 낮은 온도에서 녹는다. 그리고 지름이 2~3 nm의 금 입자들은 높은 화학 반응성을 띠게 된다.

탄소의 동소체에서 sp^3 혼성 고체 상태는 다이아몬드이다. sp^2 혼성 고체 상태는 흑연이다. sp^2 혼성 탄소가 1차원 튜브, 2차원 판과 같은 이산적인 분자를 형성할 수 있다는 것을 발견하였다. 이와 같은 탄소의 형태의 각각은 매우 흥미로운 특성을 보여준다. 1985년 흑연으로부터 60개의 탄소 원자, C_{60}의 조성 분자에 해당되는 새로운 탄소의 동소체가 발견되었다. 탄소 원자가 12개의 5각형과 20개의 육각형으로 32개의 면으로 된 축구공과 정확하게 일치하는 "공"을 형성하고 있다.

C_{60}의 구조

C_{60}이 발견된 지 얼마 후에 화학자들은 탄소 나노 튜브를 발견했다. 탄소 나노 튜브는 흑연의 판을 말아서 한쪽이나 양쪽 끝을 C_{60} 분자의 반으로 막은 것으로 생각할 수 있다. 탄소 나노 튜브는 C_{60}을 만들 때 사용하는 방법과 유사한 방법으로 만들어진다. 탄소 나노 튜브는 다중벽(multiwall) 또는 단일벽(singlewall) 형태로 만들어질 수 있다. 탄소를 토대로 한 전자 소자를 제조하기 위하여 많은 연구가 진행 중이다.

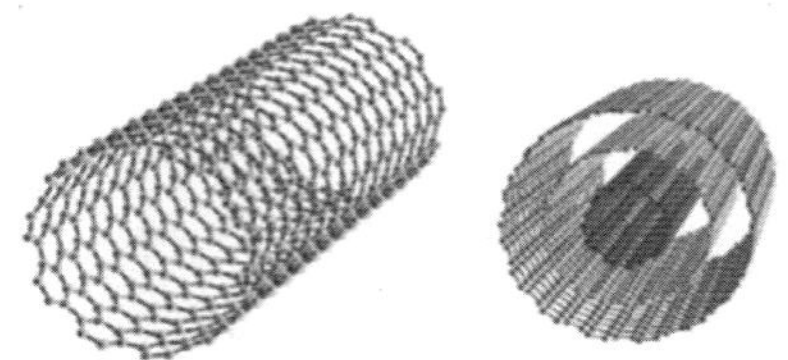

단일벽(왼쪽) 및 다중벽(오른쪽) 탄소 나노 튜브

~100 nm 정도의 크기를 갖는 금 나노 물질은 물에 분산되었을 때 짙은 붉은색을 띠며, 그보다 큰 입자들은 물에 분산되어 탁한 노란색을 띤다. 역사적으로 금 나노 물질은 스테인드 글래스(stained glass)의 제조에 이용되었다. 1850년경 Michael Faraday는 물에 분산된 안정한 금 나노 입자의 콜로이드를 제조하였으며, 그 물질은 현재에도 보관되어 있다. 입자의 독특한 광학적 특성, 전기적 특성, 분자 인식 특성 때문에 현재 많은 연구가 진행되고 있다.

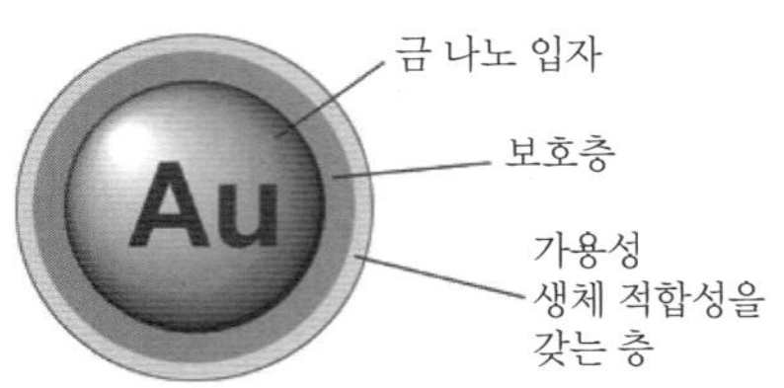

생체 적합성 금 나노 입자

2 실험 기구 및 시약

500 mL 삼각 플라스크 3개, 자석 교반기, 가열판, $HAuCl_4 \cdot 3H_2O$, $NaBH_4$, trisodium citrate, 1 M NaOH 수용액, 증류수, UV/Vis 분광 광도계

- 1% $HAuCl_4 \cdot 3H_2O$ 용액: 10 mL의 증류수에 0.1 g의 $HAuCl_4 \cdot 3H_2O$를 넣고 녹인다.
- 40 mM trisodium citrate 용액: 25 mL 부피 플라스크에 0.258 g의 trisodium citrate를 넣고 증류수로 녹인 다음 표선까지 증류수를 채운다.
- 1 M NaOH 용액: 100 mL 부피 플라스크에 4.17 g의 96% NaOH를 넣고 증류수로 녹인 다음 표선까지 증류수를 채운다.

3 실험 과정

실험 1. Trisodium citrate를 이용한 금 나노 입자의 합성

1. 10 mL의 1% $HAuCl_4 \cdot 3H_2O$ 용액을 500 mL 플라스크에 옮긴다.
2. 이 플라스크에 240 mL의 증류수를 더하고 잘 흔든다.
3. 자석 젓개로 저어주면서 격렬하게 끓을 때까지 가열한다.
4. 이 플라스크에 40 mM trisodium citrate 25 mL를 재빨리 섞는다.
5. 용액의 색깔 변화가 있는지 눈으로 관찰한다.
6. 15분 동안 용액을 자석 젓개로 저어주면서 격렬하게 끓인다.
7. 플라스크의 용액을 실온에서 식힌다.

실험 2. $NaBH_4$를 이용한 금 나노 입자의 합성

1. $HAuCl_4 \cdot 3H_2O$ 5 mg(0.0127 mmol)을 500 mL 비커에 담고 메탄올에 녹인다.
2. 금 당량의 15배 이상인 $NaBH_4$(7.2 mg)를 더하고 잘 흔든다.
3. 자석 젓개로 저어주면서 격렬하게 끓을 때까지 가열한다.
4. 용액의 색깔 변화를 눈으로 관찰하여 적는다.
5. 용액 부분은 따라내고 침전을 증류수로 두 번 깨끗하게 씻는다.

실험 3. 금 나노 입자의 물리적 성질

1. 나노 입자 0.5 mg을 1 M NaOH 수용액 5 mL에 넣는다.
2. 일반적으로 나노 입자는 용매에 잘 녹지 않으므로 침전이 될 수 있다. 그럴 경우, 60°C에서 약 30분간 가열하면서 초음파 처리를 한다.
3. 분광 광도계를 사용하여 용액의 UV/Vis 스펙트럼을 얻는다.
4. 흡수의 최대값이 되는 파장을 조사한다.

4 자료

1. $HAuCl_4 \cdot 3H_2O$의 화학식량: 393.84 g/mol
2. $NaBH_4$의 화학식량: 37.83 g/mol
3. trisodium citrate($Na_3C_6H_5O_7$)의 화학식량: 258.069 g/mol

금 나노 입자의 합성

소속대학 ______________ 실험일자 ______________

학과(학부) ______________ 제출일자 ______________

학 번 ______________ 담당교수 ______________

성 명 ______________ 확 인 ______________

1. Trisodium citrate를 이용한 금 나노 입자의 합성

1% $HAuCl_4 \cdot 3H_2O$ 용액의 부피 (mL)	
가한 증류수의 부피 (mL)	
끓인 시간 (분)	
40 mM trisodium citrate의 양 (mL)	
색깔 변화	
UV/Vis 스펙트럼의 최대 흡수 파장(λ_{max}) (nm)	

절취선

2. $NaBH_4$를 이용한 금 나노 입자의 합성

$HAuCl_4 \cdot 3H_2O$ 용액의 질량 (mL)	
가한 메탄올의 부피 (mL)	
가한 $NaBH_4$의 질량 (mg)	
끓인 시간 (분)	
색깔 변화	
UV/Vis 스펙트럼의 최대 흡수 파장(λ_{max}) (nm)	

3. 생각해보기

※ CdS와 같은 양자점은 크기에 따라 띠간격이 달라지므로 빛을 조사하면 다양한 색을 나타낼 수 있다. 이에 대하여 기술하여라.

실험 26

Laboratory Experiments for General Chemistry

철의 부식과 녹의 제거

1 실험 배경

부식(corrosion)은 전기 화학 과정에 의하여 금속이 변질되는 것을 뜻한다. 부식의 예는 우리 주변에서 많이 볼 수 있다. 철이 녹스는 현상, 은의 변색, 구리와 놋쇠 위에 형성되는 푸른 녹 등이 있다. 이와 같은 부식은 건물, 다리, 배, 자동차 등에 막대한 손해를 입히고 있다.

가장 잘 알려진 부식의 예는 철이 녹스는 것이다. 산소 기체와 물이 철을 녹슬게 한다. 비록 반응이 복잡하여 완전하게 이해하기는 어렵지만, 중요한 단계는 다음과 같다. 금속 표면의 일부분이 산화가 일어나는 양극으로 작용한다. 산화 과정은 다음과 같이 일어난다.

$$Fe(s) \longrightarrow Fe^{2+}(aq) + 2e^- \qquad E^\circ = 0.44\ V$$

철이 내놓은 전자들은 같은 금속 표면에 존재하는 산소(음극)를 물로 환원시킨다.

$$O_2(g) + 4H^+(aq) + 4e^- \longrightarrow 2H_2O(l) \qquad E^\circ = 1.23\ V$$

전체 산화-환원 반응은 다음과 같다.

$$2Fe(s) + O_2(g) + 4H^+(aq) \longrightarrow Fe^{2+}(aq) + 2H_2O(l)$$

표준 환원 전위 자료로부터 이 과정에 대한 표준 기전력을 계산하면 다음과 같다.

$$E^\circ = 1.23\ V - (-0.44\ V) = 1.67\ V$$

이 반응은 산성 매체에서 일어난다는 것을 기억해야 한다. H^+ 이온은 대기 중의 이산화 탄소와 물이 반응하여 생성되는 H_2CO_3로부터 제공된다.

양극에서 생성된 Fe^{2+} 이온은 물이 존재하는 조건에서 산소에 의하여 한 단계 더 산화된다.

$$4Fe^{2+}(aq) + O_2(g) + (4 + 2x)H_2O(l) \longrightarrow 2Fe_2O_3 \cdot xH_2O(s) + 8H^+(aq)$$

수화된 산화 철(III)을 녹이라 한다. 산화 철과 결합한 물의 양은 변하므로 $Fe_2O_3 \cdot xH_2O$의 형태로 표시한다.

그림은 철이 녹스는 과정을 나타낸 것이다. 전기 회로는 전자들과 이온들의 이동으로 이루어진다. 소금물과 같이 전해질 용액에서는 전자들의 이동이 훨씬 빠르기 때문에 철이 녹스는 속도도 빨라진다. 추운 겨울철에 얼음과 눈을 녹이기 위하여 뿌린 염($CaCl_2$)은 자동차를 빠르게 녹슬게 하는 주원인이 된다.

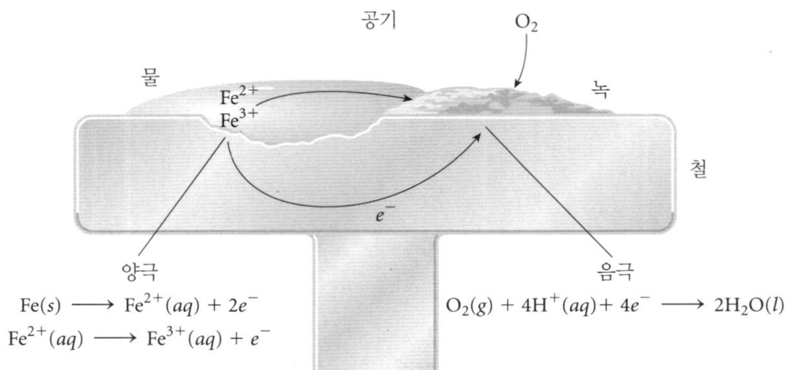

철의 산화 과정에 대한 반응식

금속의 부식은 철에만 국한되는 것이 아니다. 알루미늄 금속은 비행기와 음료수 캔을 포함하여 많은 유용한 것을 만드는데 사용된다. 알루미늄의 표준 환원 전위는 철의 표준 환원 전위보다 작기 때문에 알루미늄은 철보다 더 강하게 산화하려는 경향이 있다. 하지만 알루미늄 금속이 공기 중에 노출되면 표면에 존재하는 알루미늄이 산화되어 부식되기 어려운 불용성의 Al_2O_3 층이 생기기 때문에 더 이상 산화가 진행되지 않는다(부동태가 된다). 알루미늄 산화층과는 달리 철 표면에 형성된 녹은 다공성이어서 물과 공기가 유입될 수 있으므로 원래의 금속을 보호할 수 없다.

구리나 은으로 만든 금속 화폐나 장신구도 매우 느리게 녹이 슨다.

$$Cu(s) \longrightarrow Cu^{2+}(aq) + 2e^-$$

$$Ag(s) \longrightarrow Ag^+(aq) + e^-$$

대기 중에 노출된 구리는 녹청이라고 하는 녹색 물질인 탄산 구리($CuCO_3$) 층을 형성하는데 이것은 금속이 더 이상 부식하지 않도록 보호하는 역할을 한다. 이와 유사한 예로서 식품을 담아 둔 은 그릇의 경우도 황화 은(Ag_2S) 층을 만들어 그릇을 보호한다.

녹의 제거

철의 녹은 염기성 산화물이기 때문에 산처리를 통하여 제거할 수 있다. 녹을 염산, 황산, 질산으로 처리하면, 다음과 같은 반응을 통하여 가용성 염이 형성되기 때문에 쉽게 제거할 수 있다.

$$2Fe_2O_3 \cdot xH_2O(s) + 6H^+(aq) + 6Cl^-(aq) \longrightarrow 2Fe^{3+}(aq) + 6Cl^-(aq) + (3+x)H_2O(l)$$

하지만 강산은 녹뿐만 아니라 녹과 함께 존재하는 철제 구조물까지 산화시켜 녹인다.

$$Fe(s) + 2H^+(aq) + 2Cl^-(aq) \longrightarrow Fe^{2+}(aq) + 2Cl^-(aq) + H_2(g)$$

따라서 강산은 녹만을 제거하기 위한 시약으로 사용하기에는 적합하지 않다. 철의 녹만을 제거하기 위하여 아세트산(CH_3COOH), 옥살산($H_2C_2O_4$) 등 약한 유기산을 사용한다. 옥살산은 다음과 같은 반응으로 녹을 철의 가용성 착화합물로 전환시킨다.

$$2Fe_2O_3 \cdot xH_2O(s) + 6H_2C_2O_4(aq) \longrightarrow 2[Fe(C_2O_4)_3]^{3-}(aq) + 6H^+(aq) + (3+x)H_2O(l)$$

이 과정에서 불용성인 무색의 FeC_2O_4가 형성되어 물질의 표면에 부착되어 잔류할 수도 있다.

2 실험 기구 및 시약

녹슨 금속 못 3개, 스펀지 또는 수세미 1개, 작은 천 3개, 핀셋 1개, 1 M HCl 용액, 1 M CH_3COOH 용액, 1 M $H_2C_2O_4$ 용액, 비커 3개

- 1 M HCl 용액: 100 mL 부피 플라스크에 8.33 mL의 37% HCl을 넣고 표선까지 증류수를 채운다.
- 1 M CH_3COOH 용액: 100 mL의 부피 플라스크에 6.00 g(5.73 mL)의 CH_3COOH를 넣고 표선까지 증류수를 채운다.
- 1 M $H_2C_2O_4$ 용액: 100 mL 부피 플라스크에 9.00 g의 $H_2C_2O_4$를 넣고 증류수로 녹인 다음 표선까지 증류수를 채운다.

3 실험 과정

실험 1. 금속 못 표면의 녹 제거

1. 녹이 슨 철제 못을 3개 준비하여 주방 세제로 세척한 후 증류수로 헹군다.
2. 각각의 못을 1 M HCl 용액, 1 M CH_3COOH 용액, 1 M $H_2C_2O_4$ 용액이 든 비커에 30분 동안 담근 후, 핀셋으로 건져서 스펀지로 문질러 준다. **주의** 산을 취급할 때, 장갑과 보안경을 착용하여라.
3. 증류수로 세척하고 물기를 제거한다.

실험 2. 천의 녹 제거

1. 녹물이 든 천(녹슨 못을 천으로 한 번 닦아 준비한다)을 1 M HCl 용액, 1 M CH_3COOH 용액, 1 M $H_2C_2O_4$ 용액이 든 비커에 30~60분 동안 담가둔다. **주의** 산을 취급할 때, 장갑과 보안경을 착용하여라.
2. 핀셋으로 건져서 증류수로 세척하고 물기를 제거한다.

4 자료

1. CH_3COOH: 화학식량: 60.05 g/mol, 밀도 1.049 g/mL
2. $H_2C_2O_4$의 화학식량: 90.035 g/mol

철의 부식과 녹의 제거

소 속 대 학 ______________ 실 험 일 자 ______________

학과(학부) ______________ 제 출 일 자 ______________

학　　번 ______________ 담 당 교 수 ______________

성　　명 ______________ 확　　인 ______________

1. 못과 천의 산처리에 따른 관찰 사항

	녹슨 못	녹이 묻은 천
1 M HCl 용액		
1 M CH_3COOH 용액		
1 M $H_2C_2O_4$ 용액		

2. 생각해보기

※ 대기 중에 노출된 청동상의 표면에 형성된 녹청을 화학적으로 제거할 수 있는 방법에 대하여 기술하여라.

실험 27

Laboratory Experiments for General Chemistry

천연 염색

1 실험 배경

태양 빛과 같은 백색광은 여러 색의 빛을 함께 모아 놓은 것이다. 어떤 물질이 모든 가시광을 흡수하면 검은색으로 보이고, 흡수를 전혀 하지 않으면 흰색 또는 무색으로 보인다. 한 사물이 초록색을 제외한 모든 색깔의 빛을 흡수하면 초록색을 띤다. 또 물체가 초록색의 보색인 빨간색을 제외한 모든 색을 반사하면 초록색으로 보인다.

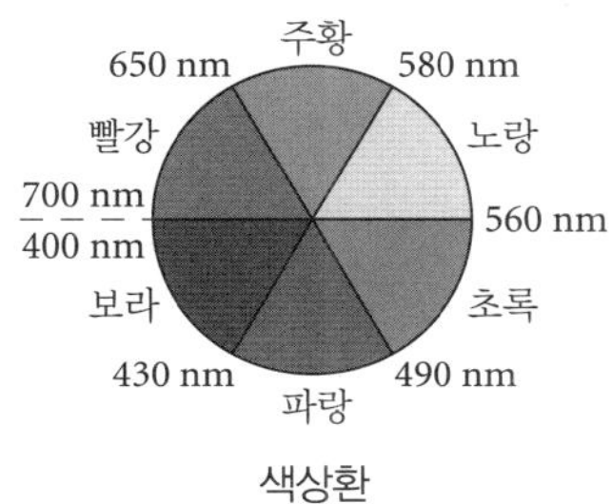

색상환

위에서 언급한 내용은 투과광(매질, 예를 들어 용액을 통과한 빛)에도 적용된다. 물질의 바닥 상태와 들뜬 상태 간의 에너지 차에 해당하는 에너지의 광자를 원자(또는 이온이나 분자)에 쪼이면 그 광자를 흡수해서 전자는 높은 에너지 상태로 들뜬다. 이 과정에 의하여 전자 전이에 필요한 에너지를 계산할 수 있다.

$$E = h\nu$$

여기서 h는 Planck 상수(6.63×10^{-34} Js), ν는 복사선의 진동수이다.

염색은 아주 오래 전부터 나타났는데, 아마도 그 시작은 열매나 나무 껍질 등에 의해 당시의 사람들이 입고 있던 옷이 착색되는 것을 발견하면서 사용하였을 것이다. 19세기 중엽까지 염료는 오직 식물성, 동물성, 광물성 등의 천연 원료에서만 얻을 수 있었는데, 이러한 염료를 사용한 염색의 경우 대개 색이 선명하지도 않고 물에 의해 쉽게 탈색되기도 하였다. 게다가 푸른색, 자주색 등 몇 개의 색은 얻기 어려워서 왕족이나 입을 수 있을 정도로 값이 비쌌다. 오늘날까지 사용되는 식물성 염료로는 홍화, 쪽, 치자, 황벽, 울금, 쑥, 꼭두서니 등이 있고, 동물성 염료로는 코치닐(Cochineal), 랙 등이 있으며, 광물성 염료로는 황토 등이 있다.

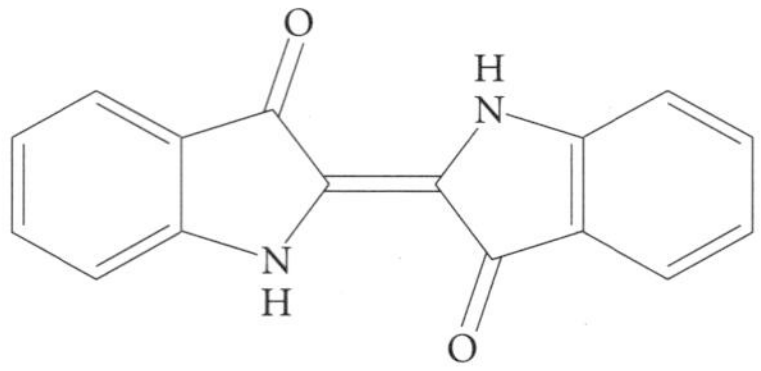

Indigo 염료의 화학적 구조

오늘날 사람들은 값싼 합성 염료 덕분에 원하는 거의 모든 색의 옷을 입을 수 있게 되었고, 이러한 합성 염료는 섬유의 성질에 관계없이 얼룩이 없는 선명한 색을 나타낼 수 있다. 합성 염료의 이러한 다양한 장점에도 불구하고, 최근에 또 다시 천연 염색이 화학 염색에 비해서 환경 친화적이며 건강 상품으로서 응용할 수 있는 범위가 넓기 때문에 세계적으로 주목받고 있다. 자연의 색을 찾는 천연 염색은 화학 염색에서 나오는 색상과는 달리 다양한 성분이 복합되어 나온 색상이기 때문에 세탁하면서 조금씩 색이 사라지면서 천연 염색 고유의 색을 즐길 수 있고, 세탁하면서 나오는 악성 폐수를 방지할 수 있다.

그러나, 천연 염료에 의한 염색은 색이 쉽게 없어지는 성질이 있기 때문에 대부분의 천연 염색은 색깔을 오래 유지하기 위해서 매염제를 사용해야 한다. 매염 단계에서는 섬유에 금속 매염액(일반적으로 알루미늄염, 크로뮴염, 구리염, 철염, 주석염 등)을 처리하고 염색을 하는데, 이러한 금속 이온들은 섬유와 염료와의 강한 결합을 형성하여 색을 유지시켜 준다.

본 실험에서는 일상에서 흔히 접할 수 있는 치자로부터 색깔을 나타내는 화합물을 추출해 내고, 이것을 이용하여 섬유에 염색을 해볼 것이다. 그리고 치자로부터 추출한 염료의 색을 변화시킬 수 있는 방법과 색을 오래 유지시킬 수 있는 방법을 찾아보기로 한다.

2 실험 기구 및 시약

100 mL 비커 2개, 가열판, 핀셋(또는 집게), 약수저 1개, 유리 막대 1개, 전자 저울, 면섬유(또는 탈지면) 4개, 종이 타월(또는 화장지), $KAl(SO_4)_2 \cdot 12H_2O$, 0.25 M $NaHCO_3$, 아세트산(CH_3COOH), 치자 1개

- 0.25 M $NaHCO_3$ 용액: 100 mL 부피 플라스크에 2.10 g의 $NaHCO_3$를 넣고 증류수로 녹인 후 표선까지 증류수를 채운다.

3 실험 과정

실험 1. 면섬유 매염

1. 100 mL 비커에 50 mL의 물을 가한 후에, 1.5 g의 $KAl(SO_4)_2 \cdot 12H_2O$를 넣고 유리 막대로 저어주면서 완전히 녹인다.
2. 가열판 위에서 10분 정도 가열하여 용액이 끓기 시작하면 준비한 면섬유 1과 2를 넣고 5분 정도 더 가열한 다음 비커를 한쪽에 내려놓고 잘 방치해 둔다(주의 가열판이 뜨거우므로 화상을 입지 않도록 유의한다).

실험 2. 염료 추출

1. 또 다른 100 mL 비커에 50 mL의 물을 채운 후 치자 1개를 넣는다.
2. 가열판 위에서 가열하여 용액이 끓기 시작하면 10분 정도 더 가열한다. 색이 추출되어 나오면 건더기를 집게로 건져내고 계속 가열한다(염색 시 얼룩의 원인이 되기 때문이다). (주의 가열로 인하여 지나치게 용액이 농축되면 증류수를 조금씩 첨가하여 처음 부피를 유지한다.)

실험 3. 매염제 없이 면섬유 염색

1. 준비한 면섬유 3과 4를 물에 적셔준다.
2. 실험 2에서 추출한 염액이 들어 있는 비커에 면섬유 3과 4를 넣고 5분 정도 가열한다.
3. 가열 후 집게로 면섬유를 건져내어 물에 씻어주고 종이 타월에 올려놓고 물기를 제거한다.

실험 4. 알루미늄 매염제 이용 면섬유 염색

1. 실험1에서 Al 금속 매염액에 담가놓은 면섬유 1과 2를 집게로 꺼내어 실험 2에서 추출한 염액이 들어 있는 비커에 넣고 5분 정도 가열한다.
2. 가열 후 집게로 면섬유를 건져내어 물에 씻어주고 종이 타월에 올려놓고 물기를 제거한다.

실험 5. 산, 염기에 의한 변질

1. 실험 3과 실험 4에서 얻은 염색된 면섬유 1과 3에 아세트산 몇 방울을 떨어뜨린다.
2. 다른 면섬유 2와 4에 0.25 M $NaHCO_3$ 수용액을 몇 방울 떨어뜨린다.
3. 물에 씻어준 후 물기를 제거하고 변화가 있는지 살펴본다.

천연 염색

소속대학 ______________ 실험일자 ______________

학과(학부) ______________ 제출일자 ______________

학　　번 ______________ 담당교수 ______________

성　　명 ______________ 확　　인 ______________

1. 각 단계에서의 변화

단계	변화		비고
	전	후	
1. 면섬유 매염			
2. 염료 추출			
3. 매염제 없이 면섬유 염색			
4. 알루미늄 매염제 이용 면섬유 염색			
5. 산에 의한 변질			
6. 염기에 의한 변질			

절취선

2. 생각해보기

※ 염색에 연관된 화학 반응에 대하여 기술하여라. 우리 민족이 "백의민족"으로 불렸음을 염색과 관련지어 설명하여라.

실험 28

Laboratory Experiments for General Chemistry

증류에 의한 물질의 분리

1 실험 배경

순수한 액체를 가열하면 액체의 온도가 증가함에 따라 증기 압력은 증가한다. 증기 압력과 대기압이 같아지면 끓는 현상이 일어나고 액체가 모두 기화될 때까지 액체의 온도는 일정하게 유지된다. 1기압일 때의 액체의 끓는점을 정상 끓는점(normal boiling point)이라고 한다.

화학 실험에서 물질을 합성할 때 많은 경우 용액에서 반응시키기 때문에 다양한 종류의 용매가 사용된다. 순수한 용매가 사용되기도 하지만 혼합 용매를 사용하기도 한다. 액체와 비휘발성 고체 용질의 혼합물에서 두 물질을 분리할 때 단순하게 증발(evaporation)을 이용할 수 있다. 혼합물에서 용매를 증발시켜 제거하면 고체 물질만 얻을 수 있다. 염전의 소금물에서 물을 증발시켜 소금을 얻는 것이 대표적인 증발에 의한 물질의 분리 방법이다.

하지만 혼합물에서 고체와 액체를 모두 회수하고자 할 때는 단순 증류(simple distillation)를 사용한다. 증발된 기체를 다시 응축하면 액체가 얻어지며, 고체의 증기압이 무시될 정도로 작기 때문에 순수한 액체를 얻을 수 있다. 증류 장치에 수돗물을 넣고 끓이면 불순물인 고형 물질이나 이온 결합 화합물은 증발하지 않고 물과 휘발성 물질만이 기화된다. 이를 다시 냉각하여 1차 증류수를 얻는 것이 대표적인 단순 증류에 의한 물질의 분리 방법이다. 실험실에서 유기 용매에 들어 있는 소량의 불순물(일반적으로 물)을 제거할 때, 불순물과 반응하는 물질을 용매에 넣어 충분하게 반응시킨 후, 불활성 기체 조건에서 용매를 증류하여 순수한 유기 용매를 얻기도 한다.

휘발성 액체의 혼합물에서 끓는점의 차이로 물질을 분리할 때는 분별 증류(fractional distillation)를 사용한다. 원유에서 가솔린–등유–경유–중유 등을 분리하는 것이 대표적인 분별 증류의 예이다.

순수한 용매의 증기 압력(vapor pressure)이 각각 P_A^o, P_B^o인 두 휘발성 액체 A와 B가 혼합된 이상 용액을 살펴보자. 용액에서 각 성분의 몰분율을 각각 x_A, x_B라고 하면

Raoult의 법칙을 적용하여 용액의 전체 증기 압력(P_{total})은 각 성분의 증기 압력의 합($P_A + P_B$)이며, 다음과 같이 나타낼 수 있다.

$$P_{total} = P_A + P_B = x_A \times P_A^o + x_B \times P_B^o = P_B^o + (P_A^o - P_B^o)x_A$$

증기의 전체 압력은 P_B^o에서 P_A^o까지 x_A에 대하여 선형 관계를 나타낸다. 그림으로 나타내면 다음과 같다. $P_A^o > P_B^o$이므로 A가 휘발성이 더 좋다. 따라서 증기 상에서 A의 몰분율(y_A)은 액체 상에서의 몰분율(x_A)보다 크다.

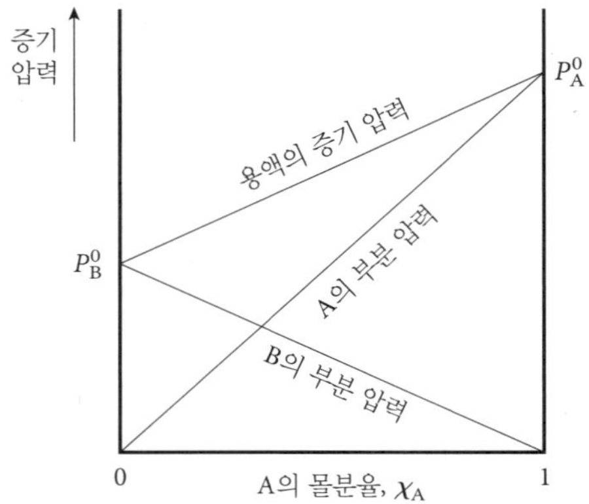

분별 증류를 설명하기 위하여 아래에 나타낸 온도–조성 도표를 살펴보자.

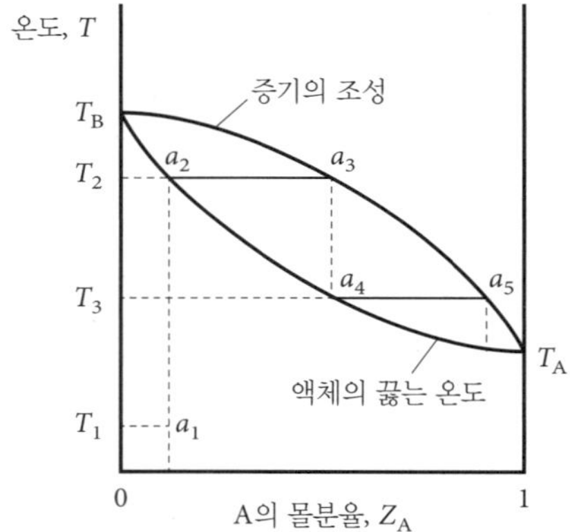

$x_A = a_1$인 용액을 온도 T_1에서 가열하면, 온도가 상승한다. 수직선을 그려서 액체의 끓는 온도 곡선과 만나는 점인 온도 T_2에서 이 용액은 끓기 시작한다. 이때 액체에서 $x_A = a_2$가 되고, 증발한 양이 매우 적기 때문에 $a_2 = a_1$이다. 생성된 증기의 조성은 수평선을 그려서 증기의 조성 곡선과 만나는 점을 찾으면 $y_A = a_3$이다. A가 B보다 휘발성이 크기 때문에 $a_3 > a_1$임을 알 수 있다. 이 증기를 냉각하면 다시 액체가 되며, 액체의 조성은 $x_A = a_4$가 되고, 끓는점은 T_3이 된다. 이 액체를 다시 증발시키면

증기 상에서 $y_A = a_5$가 된다. 따라서 분별 증류 장치는 증발과 응축 과정을 반복하도록 설계되어 있으며, 최종적으로 휘발성이 더 큰 물질을 순수하게 얻을 수 있다.

2 실험 기구 및 시약

14/20 조인트를 사용한 단순 증류 장치 1세트(250 mL 2구 둥근바닥 플라스크 1개, 스틸 헤드 어댑터 1개, 리비히 냉각기 1개, 조인트를 갖는 온도계 1개, 50 mL 삼각 플라스크 5개, 온도계 1개, 100 mL 눈금 실린더 1개, 가열판 1대, 물중탕 수조 1개, 얼음 수조 1개, 끓임쪽, 얼음, 솜, 스탠드, 클램프, 액체 혼합물(물+메탄올))

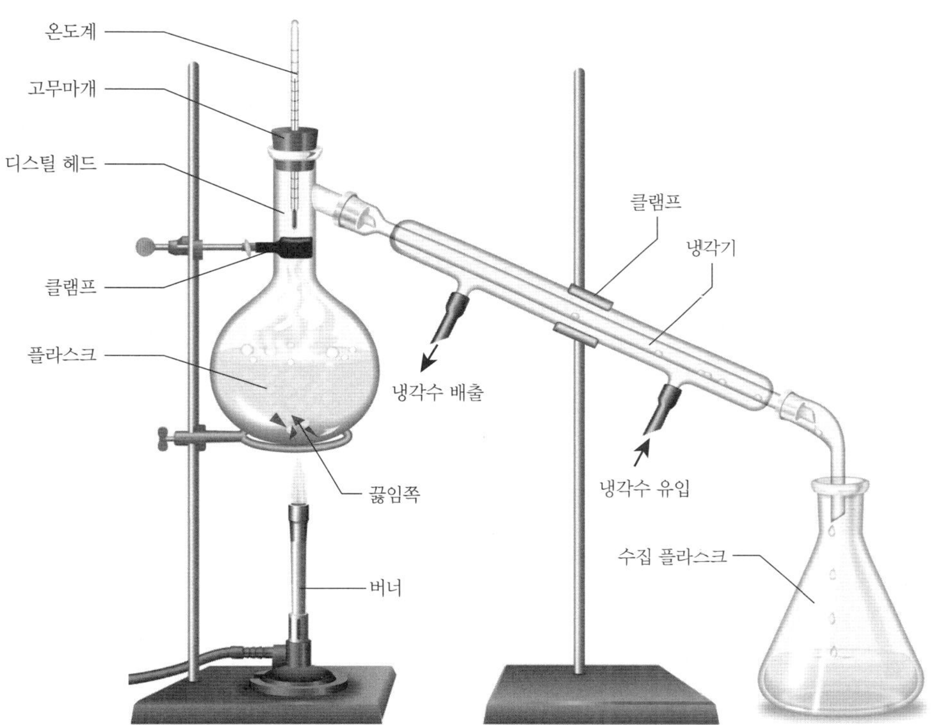

단순 증류 장치

3 실험 과정

1. 그림과 같이 단순 증류 장치를 구성한다. 온도계는 반드시 알코올구가 스틸 헤드 어댑터의 갈라지는 부분에 위치하도록 한다. 각 초자 기구를 연결하는 조인트 부분은 그리스로 밀봉을 하거나 얇은 테플론 테이프로 감아서 밀봉을 한다. 그렇지 않으면 기체가 누출될 수 있다. 클램프를 적절하게 사용하여 초자 기구가 떨어져 깨지지 않게 하고, 증류 장치에 무리한 힘이 가해져서 깨지는 것을 방지한다. 랩

잭을 사용하여 가열판과 수집 플라스크의 위치를 조절하면 더욱 사용하기 편리하다.

2. 리비히 냉각기에 수돗물을 연결하여 냉각수를 흘려준다. 냉각수는 반드시 아래에서 위로 흘러야 한다.
3. 250 mL 둥근바닥 플라스크의 다른 입구에 액체 혼합물 약 100 mL를 넣고 끓임쪽 몇 개를 넣고 다시 마개로 막는다. 끓임쪽이 없으면 교반용 자석 막대를 사용하여 교반하면서 실험을 진행해도 된다. **주의** 액체 혼합물의 양이 플라스크 용량의 $\frac{1}{2}$미만이 되도록 한다. 끓임쪽을 사용하지 않으면 플라스크에서 갑자기 끓어올라 증류 장치가 폭발할 수 있다.
4. 액체 혼합물이 담긴 플라스크를 가열판으로 가열되는 물중탕으로 천천히 가열한다. 물중탕의 온도는 휘발성이 더 좋은 액체의 끓는점보다 20~30°C 정도 높아야 한다.
5. 증류 장치가 공기 중에서 냉각되는 것을 방지하기 위하여 솜이나 알루미늄 포일로 플라스크와 스틸 헤드 어댑터 부분을 감싼다. 또한 증류를 통해 모아진 액체의 증발을 막기 위하여 수집하는 삼각 플라스크를 얼음 수조에 담근다.
6. 혼합물이 끓기 시작하면 어댑터에 설치된 온도계를 통하여 온도를 확인하면서 냉각기에서 액화되어 얻어지는 액체를 온도 구간별로 수집한다. 용액이 더 이상 나오지 않으면 증류를 멈춘다.
7. 각 구간별로 얻어진 액체 시료의 끓는점을 측정한다.

4 자료

1. 물의 끓는점: 100.0°C
2. 메탄올의 끓는점: 64.6°C

증류에 의한 물질의 분리

소속대학 ______________ 실험일자 ______________

학과(학부) ______________ 제출일자 ______________

학 번 ______________ 담당교수 ______________

성 명 ______________ 확 인 ______________

1. 메탄올 수용액의 증류

메탄올의 부피 (mL)	
물의 부피 (mL)	
혼합물의 부피 (mL)	
처음 액체가 얻어진 온도 (°C)	
증류하는 동안 일정해진 온도 (°C)	
일정한 온도 구간에서 얻어진 부피 (mL)	
메탄올의 끓는점 (°C)	
물의 끓는점 (°C)	
구간 1에서 모은 액체의 끓는점 (°C)	
구간 2에서 모은 액체의 끓는점 (°C)	
구간 3에서 모은 액체의 끓는점 (°C)	

절취선

2. 생각해보기

※ 증류하는 동안 온도가 변하는 이유는 무엇인가?

※ 증류가 실생활에 사용되는 예는 무엇인가?

실험 29

Laboratory Experiments for General Chemistry

재결정

1 실험 배경

물질의 용해도(solubility)는 특정 온도에서 주어진 용매 100 g 중에 용해하는 용질의 최대량(g)이며 온도에 따라 다른 값을 갖는다. 이와 같이 용해도가 온도에 따라 변화하는 모양을 그래프로 표시한 것을 용해도 곡선(solubility curve)이라 한다. 화학자들은 관용적으로 물질의 용해에 대해 정성적으로 가용성(soluble), 난용성(slightly soluble), 불용성(insoluble)으로 분류한다.

아래에 나타낸 표는 일반적인 이온 결합 화합물의 용해도 규칙을 나타낸다.

이온성 화합물의 용해도 규칙

가용성 화합물	불용성 화합물
– 1족 원소의 화합물 – 암모늄(NH_4^+) 화합물 – Ag^+, Hg_2^{2+}, Pb^{2+}를 제외한 이온의 염화물(Cl^-), 브로민화물(Br^-), 아이오딘화물(I^-) – 질산염(NO_3^-), 아세트산염(CH_3COO^-), 염소산염(ClO_3^-), 과염소산염(ClO_4^-) – Ca^{2+}, Sr^{2+}, Ba^{2+}, Pb^{2+}, Hg_2^{2+}, Ag^+을 제외한 황산염(SO_4^{2-})	– 1족 원소와 암모늄 이온(NH_4^+)을 제외한 탄산염(CO_3^{2-}), 크로뮴산염(CrO_4^{2-}), 옥살산염($C_2O_4^{2-}$), 인산염(PO_4^{3-}) – 1, 2족 원소와 암모늄 이온(NH_4^+)을 제외한 황화염(S^{2-}) – 1, 2족 원소를 제외한 수산화물(OH^-), 산화물(O^{2-})
– $PbCl_2$는 난용성 염임 – Ag_2SO_4는 난용성 염임 – $Ca(OH)_2$, $Sr(OH)_2$, $Mg(OH)_2$는 난용성 염임	

혼합물에서 순수한 물질을 분리해 내는 것은 화학 실험의 중요한 부분을 차지한다. 재결정(recrystallization)은 고체 물질의 특정 용매에 대한 용해도가 온도에 의존하는 점을 이용하는 정제 방법이다. 일반적으로 화합물이 용매에 녹는 용해 과정은 흡열 과정이기 때문에 온도가 높아질수록 물질의 용해도는 증가하지만, 이와 반대의 경향을 보이는 경우도 있다. 예를 들어 아세트산 소듐을 물에 녹이는 경우에는 열이 발생하는 발열 과정이기 때문에 아세트산 소듐의 용해도는 온도가 높아질수록 감소한다. 주어진 온도에서 어떤 물질이 용매에 더 이상 녹지 않을 때까지 녹인 용액을 포화 용액(saturated solution)이라고 한다.

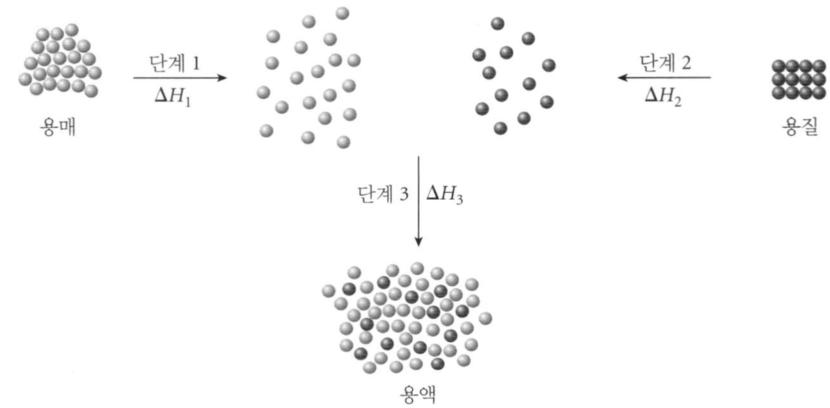

일반적으로 고체의 용해도는 고온에서 크고 저온에서 작다. 고체를 고온에서 용해하여 진한 용액을 만든 후 이를 냉각하면 다시 결정이 형성되는데, 고체에 함유되어 있는 미량의 불순물을 제거하는 방법으로 사용된다. 이러한 과정을 "재결정"이라 하며, 재결정 과정에서 원래 고체에 함유되어 있던 불순물은 용액 중에 용해된 채로 남기 때문에 순수한 결정을 얻을 수 있다. 불순물의 양이 많을 경우에는 한 번의 재결정으로 순수한 물질을 얻을 수 없으므로 재결정을 여러 번 반복하여 점차로 불순물의 양을 줄여나가야 한다.

재결정법에 사용되는 용매를 선택하는 방법

1. 시료 중에 포함되어 있는 불순물과 시료 자체가 용매에 완전히 녹아야 한다. 녹지 않는 물질들은 여과를 통하여 간단히 제거할 수 있다.
2. 시료를 녹일 때 너무 과량의 용매를 사용하지 말아야 한다. 과량의 용매를 사용하면 재결정하는 데 어려움이 따르고 결정이 얻어지지 않거나 수득률을 높이기 위해서 몇 번의 동일한 과정을 거쳐야 하므로 시간적, 경제적 손실이 따른다.
3. 용질과 불순물에 대한 온도 계수가 맞아야 한다. 즉 정제하고자 하는 물질은 이상적으로 뜨거운 용매에서는 완전히 녹고 차가운 용매에서는 다소 불용성인 반면, 불순물은 차가운 용매 속에서도 적절한 용해도를 가져야 한다.

재결정법 7단계 과정

1. 용매를 선택한다.
2. 선택한 용매에 용질을 녹인다.
3. 만약 용액이 불필요한 색을 띤다면 활성탄 등으로 탈색한다.
4. 만약 용매에 녹지 않는 고체가 있다면 여과하여 분리한다.
5. 용질을 결정화한다.
6. 결정을 모으고 세척한다.
7. 결정을 건조한다.

용해도가 온도에 따라 크게 변하지 않는 고체는 진한 용액을 냉각에 의해서 재결정할 수 없다. 이러한 고체는 소량의 용매에 녹이고 그 용액을 증발시켜 농축하여 결정을 석출시킨다. 정제할 고체 시료는 되도록 소량의 용매에 녹이고 농축할 때 불순물이 결정에 들어가지 않도록 유의하여야 한다.

유기 합성 등에서는 재결정 과정에 이성분 용매계를 이용한다. 온도에 따른 용해도 차이가 별로 없거나, 높은 온도에서 물질의 변성을 가져올 때 이 방법은 매우 유용하다. 정해진 용질에 대하여 각 용매에 따라 용해도가 달라진다. 용질을 최소량의 잘 녹이는 용매(good solvent)에 녹인 후, 잘 녹이지 못하는 용매(poor solvent)를 조금씩 첨가해 준다. 점차 poor solvent를 첨가해 줌에 따라 용질은 석출된다. 여과하여 poor solvent로 씻어준다.

한 가지 이상의 화합물이 섞여 있는 혼합물(mixture)을 분리하는 방법은 혼합물의 상태와 성질에 따라 여러 가지 방법이 있다. 그 중에서 고체 혼합물을 분리할 경우, 용해도의 차이를 이용하는 방법이 있다. 이 방법은 용매에 대한 고체 용질들의 용해도 차이에 의한 것으로 온도의 영향을 크게 받는다. 용해도가 온도에 따라서 크게 변하는 고체 물질의 포화 용액을 높은 온도에서 만들고, 이 용액을 다시 냉각시키면 용질이 순수한 결정으로 석출되어 나온다. 이러한 방법에 의한 혼합물의 분리법을 분별 결정법이라고 한다.

이온성 고체의 물에 대한 용해도(g/물 100 g)

	0°C	20°C	40°C	60°C	80°C	100°C
$NaNO_3$	73.0	88.0	105.0	125.0	148.0	176.0
KNO_3	13.3	31.6	63.9	110.0	169.0	246.0
NaCl	35.7	36.0	36.6	37.3	38.4	39.8
KCl	27.6	34.0	40.0	45.5	51.1	56.7

2 실험 기구 및 시약

100 mL 눈금 실린더 1개, 100 mL 비커 2개, 50 mL 삼각 플라스크 1개, 가열판, 유리 막대, 얼음 수조, 거름종이, 아스피레이터, 감압 플라스크, Büchner 깔때기, 전자저울, KNO_3, 증류수, 에탄올, 살리실산, 다이에틸에테르, 헥세인

3 실험 과정

실험 1. KNO_3의 재결정

1. 10 g의 KNO_3을 50 mL 삼각 플라스크에 넣고, 증류수 20 mL를 가한 후 물중탕에서 천천히 가열하여 완전히 녹인다.
2. 실온으로 냉각된 용액을 차가운 물로 냉각한 후, 수득률을 높이기 위하여 얼음 수조에 옮긴 후, 침전이 생기기 시작한 후에도 5분간 계속하여 비커를 흔들어서 냉각한다.
3. 생성된 흰색 결정을 Büchner 깔때기와 감압 플라스크를 이용하여 거른다. 공기 중의 오븐에서 건조하여 질량을 잰 후 수득률을 계산한다.

실험 2. 살리실산의 재결정

1. 1 g의 살리실산을 100 mL 비커에 넣고, 다이에틸에테르 ~10 mL를 가한 후 완전히 녹인다(녹지 않을 때는 물중탕으로 조금 데우면서 저어준다).
2. 용액이 맑아지면 거름종이로 거른 후 여과된 용액에 헥세인을 20 mL 가한 후 삼각 플라스크를 막는다(젓거나 흔들지 않는 상태로 이 플라스크를 얼음물에 담가 살리실산의 침전을 생성시킨다).
3. 용액을 차가운 물로 냉각한 후, 수득률을 높이기 위하여 얼음 수조에 옮긴 후, 침전이 생기기 시작한 후에도 5분간 더 냉각한다.
3. 생성된 흰색 결정을 Büchner 깔때기와 감압 플라스크를 이용하여 거른다. 차가운 헥세인으로 씻는다. 공기 중에서 건조하여 질량을 잰 후 수득률을 계산한다.

재결정

소속대학		실험일자	
학과(학부)		제출일자	
학번		담당교수	
성명		확인	

1. KNO_3의 재결정

취한 KNO_3의 질량 (g)	
가한 증류수의 부피 (mL)	
완전히 녹인 온도 (°C)	
냉각 온도 (°C)	
회수한 KNO_3의 질량 (g)	
회수율 (%)	

2. 살리실산의 재결정

취한 살리실산의 질량 (g)	
가한 다이에틸에테르의 부피 (mL)	
가한 헥세인의 부피 (mL)	
냉각 온도 (°C)	
회수한 살리실산의 질량 (g)	
회수율 (%)	

절취선

3. 생각해보기

※ 고체 혼합물의 용해도 차이에 의한 분리 방법인 분별 결정법에 대하여 기술하여라.

....

....

....

....

....

....

....

유기물의 성질과 분리

1 실험 배경

유기 화학은 탄소 화합물에 대한 학문이다. 유기(organic)란 말은 원래, 18세기 화학자에 의해 살아있는 생명체, 즉 식물과 동물로부터 얻어지는 물질이라고 묘사되었지만, 최근에 와서 많은 유기 화합물들이 실험실에서 합성이 되기 때문에 유기화학은 C, H, O, N, S, P 등으로 이루어진 화합물을 다루는 학문으로 그 범위를 확장할 수 있다.

카복실산

적당한 조건하에서 알코올과 알데하이드는 카복실기(carboxyl group, $-COOH$)를 포함하는 카복실산(carboxylic acid)으로 산화된다.

$$CH_3CH_2OH \xrightarrow{[O]} CH_3COOH + H_2$$

$$CH_3CHO \xrightarrow{[O]} CH_3COOH$$

카복실산은 자연에 널리 존재하며, 동 · 식물에서 발견된다. 모든 단백질은 아미노기와 카복실기를 가진 특별한 카복실산인 아미노산으로 만들어져 있다. HCl, HNO_3, H_2SO_4와 같은 무기산과는 달리 카복실산은 약산이다. 약산인 카복실산은 다음과 같이 염기와 반응하여 중화 반응을 한다.

$$CH_3COOH + NaOH \longrightarrow CH_3COONa + H_2O$$

아마이드

적당한 조건하에서 카복실산과 아민이 반응하여 아마이드를 생성한다.

$$CH_3COOH + H_2NCH_3 \longrightarrow CH_3COHNCH_3 + H_2O$$

$$C_6H_5NH_2 + (CH_3CO)_2O \longrightarrow CH_3CONHC_6H_5 + CH_3COOH$$

공유 결합성 아마이드는 중성이거나 약산성 물질이다. 이온성 또는 염 형태의 아마이드는 강한 염기성 화합물로, 보통 암모니아, 아민 또는 공유 결합성 아마이드를 소듐과 같은 반응성이 큰 금속과 반응시켜서 만든다.

일반적으로 많은 유기물들은 탄화수소를 골격으로 작용기를 포함하고 있기 때문에 비극성이며, 극성 용매인 물에 대한 용해도가 매우 낮다. 이는 극성 용질은 극성 용매에 잘 녹고, 비극성 용질은 비극성 용매에 잘 녹는다(like dissolves like)는 일반적 규칙에 잘 들어 맞는다.

실험실에서 흔히 접할 수 있는 유기물 중에서 카복실산인 벤조산(benzoic acid)과, 아마이드인 아세트아닐라이드(acetanilide, *N*−phenylacetamide)의 화학적 구조와 물에 대한 용해도는 다음과 같다.

화합물	벤조산	아세트아닐라이드
구조	O, OH	H, N, CH_3, C, O
분자량 (g/mol)	122.12	135.17
용해도 (g/물 100 g), 25°C	0.34	0.4

많은 유기물들은 분자 내에 그 분자를 특징지우는 작용기를 가지고 있기 때문에 수용액의 특성에 따라 물에 대한 용해도가 달라질 수가 있다. 벤조산은 중성이나 산성 용액에서는 난용성이지만 염기성 용액에서는 카복실산이 중화되어 카복실산 음이온으로 전환되어 극성이 커지므로 물에 잘 녹는다. 만약 벤조산과 아세트아닐라이드의 혼합물을 각 성분으로 분리하기 위하여 혼합물을 염기로 처리하면 벤조산은 해리되면서 녹고, 해리되지 않는 불용성 아세트아닐라이드는 수용액 중에 고체로 남아있게 될 것이다. 혼합물을 여과하여 고체 아세트아닐라이드를 얻고, 여과액을 산성화시켜 벤조산의 침전을 얻을 수 있다.

2 실험 기구 및 시약

100 mL, 250 mL 비커 각 1개, 100 mL 눈금 실린더 1개, 스포이드(또는 뷰렛) 2개, 전자 저울, 건조 오븐, 가열판, 자석 교반기, 얼음 중탕, 물중탕, Büchner 깔때기, 감압 플라스크, 아스피레이터, 온도계, 유리 젓개, 시계 접시, 거름종이, pH 시험지, 페놀프탈레인 지시약, 메틸 오렌지 지시약, 벤조산, 아세트아닐라이드, 3 M NaOH, 5 M HCl

- 3 M NaOH 용액: 100 mL 부피 플라스크에 12.5 g의 96% NaOH를 넣고 증류수로 녹인 다음 표선까지 증류수를 채운다.
- 5 M HCl 용액: 100 mL 부피 플라스크에 41.7 mL의 37% HCl을 넣고 표선까지 증류수를 채운다.
- 페놀프탈레인 지시약: 에탄올 50 mL에 0.1 g의 페놀프탈레인을 녹인 후 증류수 50 mL로 묽힌다.
- 메틸 오렌지 지시약: 증류수 100 mL에 0.01 g의 메틸 오렌지를 녹인다.

3 실험 과정

실험 1. 아세트아닐라이드의 분리

1. 벤조산과 아세트아닐라이드가 혼합된 시료 약 3 g의 질량을 정확하게 측정하여 100 mL 비커에 넣고 25 mL의 증류수를 넣는다.
2. 혼합물에 페놀프탈레인 지시약 2~3 방울을 넣고 용액을 교반하면서 3 M NaOH를 스포이드로 천천히 첨가한다. 지시약의 변색으로 용액의 염기성을 확인한 후 2~3 방울의 NaOH를 더 첨가한다.
3. 혼합물을 50°C 정도의 물중탕에서 10분간 교반하며 가열한다.
4. 혼합물을 실온으로 냉각한 후 Büchner 깔때기로 걸러 침전을 혼합물로부터 분리한다.
5. 침전을 5 mL의 증류수로 3회 씻고 여과액과 씻은 용액을 다음 실험에서 사용하기 위해 250 mL 비커에 따로 모아 보관한다.
6. 침전을 공기 중에서 건조한 후 질량을 측정한다.
7. 처음 혼합물에 포함된 질량 백분율을 계산한다.
8. 녹는점 측정 장치를 사용하여 고체의 녹는점을 측정한다.

여과를 이용한 물질의 분리

실험 2. 벤조산의 분리

1. 위에서 얻어진 여과액에 메틸 오렌지 지시약 2~3 방울을 넣고 교반하면서 5 M HCl을 스포이드를 사용하여 용액이 산성이 될 때까지 천천히 첨가한다. 지시약이 변색된 후 용액이 확실하게 산성이 되도록 하기 위해서 약 1 mL 정도의 HCl을 더 첨가한다.
2. 혼합물을 90°C 정도의 물중탕에서 10분간 교반하며 가열한다.
3. 혼합물을 실온으로 냉각한 후 얼음 중탕에서 더욱 냉각한 후 Büchner 깔때기로 걸러 침전을 혼합물로부터 분리한다.
4. 침전을 1 mL의 차가운 증류수로 3회 씻어주고 공기 중에서 건조한 후 질량을 측정한다.
5. 처음 혼합물에 포함된 질량 백분율을 계산한다.
6. 녹는점 측정 장치를 사용하여 재결정한 고체의 녹는점을 측정한다.

4 자료

1. 아세트아닐라이드: 화학식량 135.17 g/mol, 녹는점 113.7°C
2. 벤조산: 화학식량 122.12 g/mol, 녹는점 122.4°C

5 실험 결과 처리

사용한 3.000 g의 시료에 1.450 g의 벤조산과 1.550 g의 아세트아닐라이드가 포함되어 있다고 가정하면, 벤조산의 분자량 122.12 g/mol, 아세트아닐라이드의 분자량 135.17 g/mol이므로 11.9 mmol의 벤조산과 11.5 mmol의 아세트아닐라이드가 포함되어 있다. 따라서 3 M NaOH는 약 4 mL 정도 필요하며, 5 M HCl은 약간 과량으로 첨가된 NaOH까지 고려하여 약 3 mL가 첨가될 것이다.

유기물의 성질과 분리

소 속 대 학 ______________ 실 험 일 자 ______________

학과(학부) ______________ 제 출 일 자 ______________

학　　번 ______________ 담 당 교 수 ______________

성　　명 ______________ 확　　인 ______________

1. 벤조산-아세트아닐라이드의 혼합물의 분리

벤조산-아세트아닐라이드 혼합 시료의 질량 (g)		분리된 벤조산의 질량 (g)	
첨가한 3 M NaOH의 양 (mL)		아세트아닐라이드의 녹는점 (°C)	
분리된 아세트아닐라이드의 질량 (g)		벤조산의 녹는점 (°C)	
첨가한 5 M HCl의 양 (mL)			

2. 생각해보기

※ 벤조산은 산성 수용액과 염기성 수용액에서 급격한 용해도 차이를 나타낸다. 분자 구조-분자간 힘 등으로 이 과정을 설명하여라.

실험 31

Laboratory Experiments for General Chemistry

용매 추출

1 실험 배경

추출(extraction)이란 어떤 용질을 한 상(phase)에서 다른 상으로 옮기는 것을 지칭한다. 서로 섞이지 않는 두 액체 α와 β가 접해 있을 때 두 액체에 모두 녹을 수 있는 어떤 용질 M을 넣어주면 이 용질은 두 층에 녹아 들어가서 평형을 이루며 분배된다. 이러한 평형 상태에서는 액체 α로부터 액체 β로 이동하는 용질의 분자수와 액체 β로부터 액체 α로 이동하는 분자수가 서로 같으므로 이와 같은 평형을 다음과 같이 나타낼 수 있다.

$$\mathrm{M}(\alpha) \rightleftharpoons \mathrm{M}(\beta)$$

여기서 M(α)와 M(β)는 각각 용매 α와 β에 용해되어 있는 용질 분자를 나타낸다. 그리고 M(α)와 M(β)의 농도를 각각 [M(α)]와 [M(β)]로 나타내면 다음과 같은 관계가 성립할 것이다.

$$K = \frac{[\mathrm{M}(\beta)]}{[\mathrm{M}(\alpha)]}$$

이 평형은 화학 평형의 한 유형이라고 볼 수 있으며 평형 상수 K를 분배 계수라고 부르는데 주어진 온도에서는 용질의 양에 관계없이 일정한 값을 나타낸다.

분배 계수의 식은 용질의 농도가 묽을 때는 잘 맞지만 농도가 커지면 일반적으로 잘 맞지 않는다. 즉, 농도가 클 경우에는 K의 값이 농도에 따라 조금씩 변한다. 이것은 용질의 농도가 증가함에 따라서 많은 용질 분자가 회합을 하는 등 비정상적인 행동을 하기 때문이다. 농도 대신에 활동도를 사용하면 모든 농도 범위에서 K의 값이 일정하게 된다.

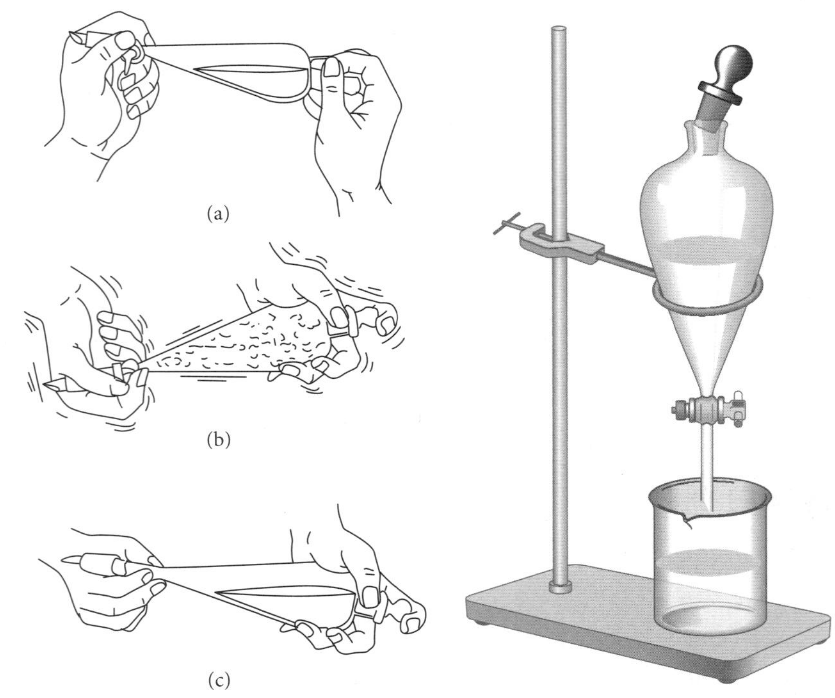

용매 추출 과정

2 실험 기구 및 시약

100 mL 분별 깔때기 1개, 25 mL 눈금 피펫 5개, O-형 클램프 1개, 50 mL 비커 1개, 100 mL 삼각 플라스크 2개, 50 mL 뷰렛 1개, 1-뷰탄올, 0.50 M, 1.0 M, 2.0 M CH_3COOH 용액, 0.50 M NaOH 표준 용액, 페놀프탈레인 지시약

- 2.0 M CH_3COOH 용액: 100 mL의 부피 플라스크에 증류수 12.01 g(11.45 mL)의 아세트산을 넣고 표선까지 증류수를 채운다. 0.50 M, 1.0 M CH_3COOH 용액은 2.0 M CH_3COOH 용액을 묽혀서 만든다.
- 0.50 M NaOH 표준 용액: 100 mL 부피 플라스크에 2.08 g의 96% NaOH를 넣고 증류수로 녹인 다음 표선까지 증류수를 채운다. 표준 시약급 KHP로 표준화한다.
- 페놀프탈레인 지시약: 에탄올 50 mL에 0.1 g의 페놀프탈레인을 녹인 후 증류수 50 mL로 묽힌다.

3 실험 과정

1. 농도를 정확히 알고 있는 0.50 M CH_3COOH 수용액을 25.0 mL를 눈금 피펫으로 취하여 100 mL 분별 깔때기에 옮긴다.

2. 분별 깔때기에 다시 1-뷰탄올 25.0 mL를 눈금 피펫으로 취하여 가한다.
3. 분별 깔때기의 마개를 막고 3~5분간 혼합물을 흔들어 섞는다. 가끔씩 밸브를 열어 배기를 해주어야 한다(주의 이때 너무 세게 흔들면 에멀젼(emulsion)이 생겨 두 액체층의 분리가 힘들게 된다).
4. 분별 깔때기를 O-형 클램프에 바로 세워 두 층을 분리한 다음 아래층 용액을 50 mL 비커에 옮긴다.
5. 이 용액 10.0 mL를 정확히 눈금 피펫으로 취하여 100 mL 삼각 플라스크에 옮긴 후 페놀프탈레인 지시약 몇 방울을 가한다.
6. 0.50 M NaOH 표준 용액으로 적정한다.
7. 위층(1-뷰탄올 용액층) 용액 10.0 mL를 정확히 분별 깔때기로부터 피펫을 써서 취하여 위와 같은 방법으로 0.50 M NaOH 표준 용액으로 적정한다. 이때 용액이 서로 섞이지 않으므로 자주 흔들어 주어야 한다.
8. 1.0 M, 2.0 M CH_3COOH 수용액을 사용하여 반복 실험을 한다.

4 자료

1. CH_3COOH: 화학식량 60.05 g/mol, 밀도 1.049 g/mL
2. 1-뷰탄올: 화학식량 74.122 g/mol, 밀도 0.8098 g/mL(20°C)

5 실험 결과 처리

1. 아세트산의 분배 계수 계산

0.50 M 아세트산 용액을 사용했을 경우 수용액층 10.0 mL를 적정하기 위하여 사용한 0.50 M NaOH 표준 용액의 양이 3.45 mL이고, 유기층 10.0 mL를 적정하기 위하여 사용한 표준 용액의 양이 6.55 mL이었다면 수용액층과 유기층의 아세트산 용액의 농도는 다음과 같다.

- $[CH_3COOH]_{\text{수용액층}} = \dfrac{3.45\ \text{mL}}{10.0\ \text{mL}} \times 0.50\ \text{M} = 0.17\ \text{M}$
- $[CH_3COOH]_{\text{유기층}} = \dfrac{6.55\ \text{mL}}{10.0\ \text{mL}} \times 0.50\ \text{M} = 0.33\ \text{M}$
- 분배 계수 $K = \dfrac{0.33\ \text{mL}}{0.17\ \text{mL}} = 1.94$

용매 추출

소속대학		실험일자	
학과(학부)		제출일자	
학 번		담당교수	
성 명		확 인	

1. 각 용액 중에 분배되어 있는 아세트산(HOAc)의 적정

실험 조건	취한 아세트산 용액의 부피 (mL)		적정에 사용한 0.50 M NaOH 용액의 양 (mL)	
	수용액 층	1-뷰탄올 층	수용액 층	1-뷰탄올 층
실험 1 (0.50 M HOAc)				
실험 2 (1.0 M HOAc)				
실험 3 (2.0 M HOAc)				

절취선

2. 각 용액 중에 분배되어 있는 아세트산(HOAc)의 농도(M)

실험 조건	수용액 층	1-뷰탄올 층	분배계수, $\frac{M_{(유기층)}}{M_{(수용액층)}}$
실험 1 (0.50 M HOAc)			
실험 2 (1.0 M HOAc)			
실험 3 (2.0 M HOAc)			

계산식

3. 생각해보기

※ 말린 식물로부터 약용 천연 물질을 추출할 때에 순수한 물보다는 물과 메탄올 또는 물과 에탄올의 혼합 용매를 사용한다. 이에 대하여 설명하여라. 용매 추출이 실생활에 사용되는 예를 들어보아라.

크로마토그래피

1 실험 배경

크로마토그래피(chromatography)는 혼합물을 흡착제에 대한 친화도의 차이를 이용하여 각 성분별로 분리, 정제, 정성 및 정량 분석을 할 수 있는 방법으로 정의된다. 크로마토그래피의 기술에는 여러 가지 방법이 있으나 이들은 모두 상 분배(phase distribution)의 일반 원리에 바탕을 두고 있다. 즉 이동 상(mobile phase)이 정지 상(stationary phase)을 통과할 때 시료 성분들이 두 상 사이에서 평형을 이루고 있기 때문에 두 상에 대해서 서로 다른 분포를 갖는다. 정지 상에 의하여 강하게 붙잡혀 있는 성분일수록 정지 상에 성분 분자들이 더 큰 비율로 존재하고 약하게 붙잡혀 있는 성분일수록 이동 상 속에 그 성분 분자들의 비율이 더 클 것이다. 따라서 정지 상에 의하여 보다 약하게 흡착되는 성분의 분자들은 이동상의 흐르는 방향을 따라 다른 성분들보다 더 빠른 속도로 정지 상을 통과하게 되고 각 성분들은 서로 다른 이동 속도에 따라 분리되게 된다. 이와 같은 조작을 용리(elution)라고 부르고 용리 시간에 대한 검출기의 감응을 나타내는 그래프를 크로마토그램이라 부른다.

크로마토그래피는 용질과 정지 상 사이의 상호작용 메커니즘에 따라서 흡착 크로마토그래피(adsorption chromatography), 분배 크로마토그래피(partition chromatography), 이온 교환 크로마토그래피(ion-exchange chromatography), 분자 배제 크로마토그래피(molecular exclusion chromatography), 친화 크로마토그래피(affinity chromatography) 등으로 나뉜다. 이 방법들은 사용하는 정지 상과 이동 상에 따라 더욱 세분화된다. 얇은 막 크로마토그래피(thin layer chromatography, TLC)와 종이 크로마토그래피(paper chromatography)에 대하여 설명해 보기로 한다.

1. 얇은 막 크로마토그래피

TLC는 액체-고체 크로마토그래피의 한 형태이다. TLC에서는 유리판이나 플라스틱판과 같은 지지판에 실리카겔이나 알루미나와 같은 고체 흡착제의 얇은 막을 입혀서 사용한다. 분리 또는 정제하고자 하는 물질의 용액을 모세관에 묻혀서 TLC판의 한쪽 끝 가까이에 반점을 만든다. 이 판을 용리 용매가 들어 있는 용기에 담그는데 용매의 액면이 반점 바로 아래쪽에 오도록 한다.

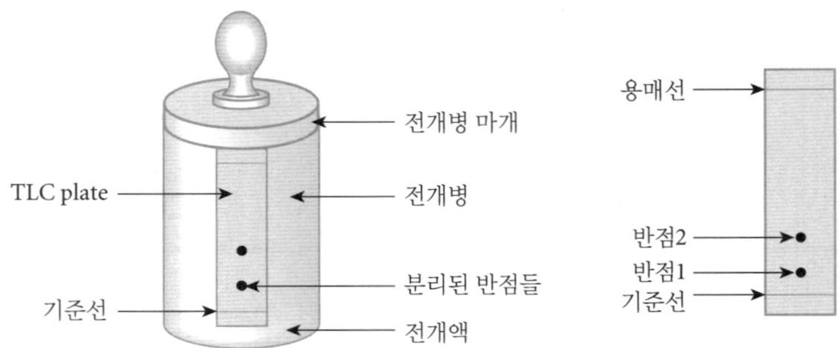

얇은 막 크로마토그래피(TLC)

용매는 모세관 작용에 의하여 판을 따라 위로 이동하며, 시료 혼합물에 있는 각 성분 물질들의 이동 속도는 각각 다르다. 실험에 사용되는 용매와 흡착제는 분리 효과가 좋은 것을 선택해야 하며, 전개 후 판 위에는 혼합물의 각 성분이 분리되어 생긴 일련의 반점들이 일직선상에 늘어선다.

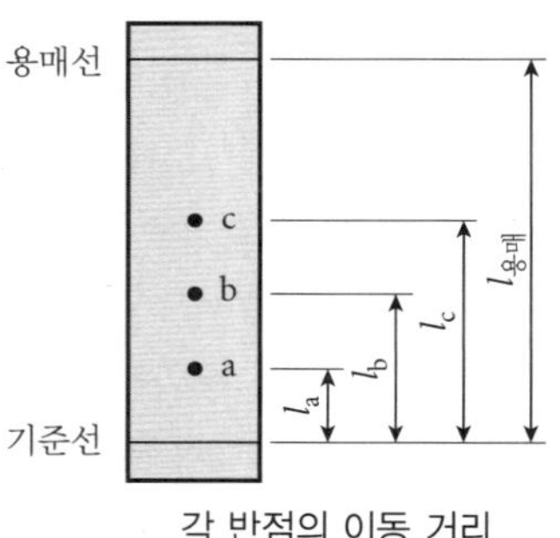

각 반점의 이동 거리

원래의 출발점으로부터 용매선(solvent front)까지의 거리 및 각 반점들까지의 거리를 잰다. 출발점으로부터 성분 반점들까지의 거리를 용매가 이동한 용매선까지의 거리로 나누어준 값을 R_f 값이라 부른다.

$$R_f = \frac{\text{성분 물질이 이동한 거리}}{\text{용매가 이동한 거리}}$$

용매의 이동 거리 $l_{용매}$, 반점 a의 이동 거리를 l_a라고 하면 a의 R_f 값은 다음과 같다.

$$\text{a의 } R_f = \frac{l_a}{l_{용매}}$$

물질의 R_f 값은 각 물질의 성질, 용매의 종류 및 온도에 따라 다르며, 흡착제, 용매, 막의 두께, 균일성, 온도 등이 정해진 조건에서의 R_f 값은 일정하다.

TLC의 장점은 아주 적은 양의 시료라도 분석이 가능하다는데 있다. 색깔이 있는 물질은 크로마토그램 위의 반점을 알아보기 쉽지만 무색의 물질일 경우는 반점의 위치를 확인하기 위하여 발색제를 뿜어준다든가 또는 자외선을 쬐어서 형광을 발하게 하는 등의 수단을 써야 한다.

2. 종이 크로마토그래피

종이 크로마토그래피(paper chromatography)는 분배 크로마토그래피의 일종이다. 분배 크로마토그래피에 의한 분리는 두 가지 종류의 서로 혼합되지 않는 용매 사이에서 혼합물들이 두 용매에 대한 분배 계수가 다른 원리를 사용한다. 한 용매는 정지상의 구실을 하고 다른 용매는 이동상의 구실을 하여 물질을 분리한다.

종이 크로마토그래피의 고정 상은 종이를 구성하고 있는 셀룰로오스이다. 다음 그림과 같이 셀룰로오스에는 극성을 나타낼 수 있는 많은 −OH기가 있기 때문에 쉽게 물 분자와 수소 결합을 할 수 있다. 따라서 종이 크로마토그래피에서 용질의 분배는 셀룰로오스의 수화된 물과 유기 상 사이에서 일어나기 때문에 극성이 크거나 다중 작용기를 갖는 화합물의 분리에 용이하다.

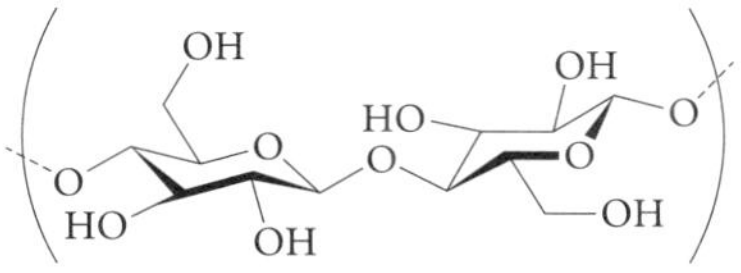

셀룰로오스의 구조

일반적으로 거름종이는 약 20%의 흡착수가 포함되어 있으므로 거름종이에 시료를 녹이는 것에 해당되며, 거름종이는 정지 상을 지지해 주는 지지체(support) 역할을 한다.

분리하려고 하는 혼합물의 반점을 거름종이 조각의 한쪽 끝부분에 만들고 종이 끝을 용매 속에 잠기게 하면 용매가 모세관 현상에 의하여 거름종이를 따라 전개된다. 이 때, 시료의 성분도 용매와 함께 이동하지만, 각 성분은 물과 유기 용매에 대한 용해도의 차이 때문에 이동 속도가 각각 다르게 되어 혼합물이 분리되어 각각의 반점을 형성한다. 유기 용매에 잘 녹는 성분은 덜 녹는 성분보다 먼 곳까지 이동하게 되므로 거름종이 위에서 성분들이 분리된다.

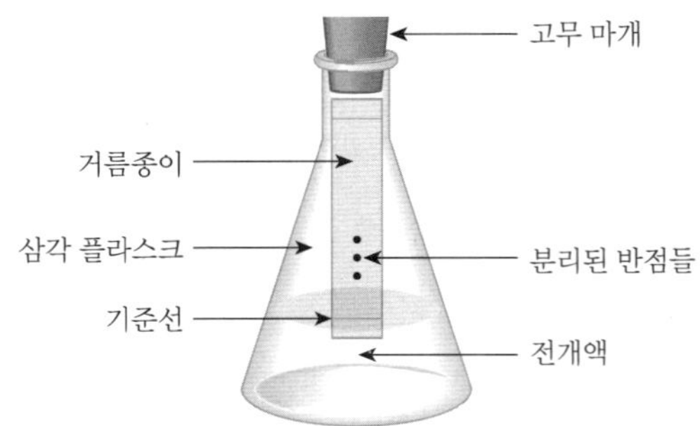

종이 크로마토그래피를 이용한 분리

종이 크로마토그래피는 혼합물 중에서 어떤 화합물을 분리하여 많은 양을 얻으려는 과정이라기보다는 반응 혼합물을 신속하게 각 성분으로 분석하려는 목적으로 주로 사용된다. 적은 양의 시료(5 ㎍ 이하)를 써도 쉽고 빠르게 반응 혼합물을 정성적으로 분석할 수 있는 까닭에 종이 크로마토그래피는 유기화학자나 특히 생화학자들에게는 유용한 방법으로 이용되고 있다.

aspirin　　ibuprofen　　acetaminophen

2 실험 기구 및 시약

TLC plate(silica gel) 1 cm × 5 cm 1개, 2.5 cm × 5 cm 1개, 50 mL 비커(또는 전개용 병) 1개, UV 램프(또는 I_2), 알루미늄 foil, 모세관, 해열제(aspirin, ibuprofen, acetaminophen 등), ethylacetate, hexane, 시약병, 거름종이 2 cm × 9 cm 1개, 100 mL 삼각 플라스크 1개, 고무마개 1개, 모세관, 전개액(물 : 진한 암모니아수 : 아세톤 = 80 : 10 : 10), 시약병, 적색, 청색, 황색, 녹색 식용 색소(고체)

3 실험 과정

실험 1. TLC

1. Aspirin, ibuprofen, acetaminophen이 포함된 각각의 해열제 1정씩을 곱게 간 다음 적당량을 ethylacetate에 녹여 시약병에 보관한다.
2. 폭 2.5 cm, 길이 5 cm 정도의 TLC plate(silica gel)에 하단에서 약 1 cm의 거리

에 연필로 하단과 평행한 선을 긋는다.

3. 세 가지 해열제를 각각 다른 모세관에 묻혀서 TLC plate의 연필로 표시한 선 위에 가상으로 삼등분하여 지름이 약 1 mm 정도 되는 각각의 반점을 만든 후 용매가 완전히 마를 때까지 기다린다(한 개의 plate에 세 개의 해열제를 모두 묻혀서 실험하는 것이 각각의 plate에 한 개씩 묻혀서 실험하는 것보다 훨씬 효과적이다).
4. 비커(또는 전개용 병)에 전개액(hexane : ethylacetate = 2 : 8)을 약 0.5 cm 높이로 넣고 뚜껑을 덮어 비커가 용매 증기로 포화되게 한다.
5. 해열제 반점이 묻혀진 마른 TLC plate를 전개병에 넣고 뚜껑(또는 알루미늄 foil)을 덮은 후 용매를 전개한다.(주의 반점이 용매에 잠기면 안 되며, 뚜껑이 열려 있으면 전개용 병 내부가 용매의 증기로 포화되지 않아 plate에 전개된 용매가 증발하여 오차를 가져올 수 있다.)
6. 용매가 plate를 따라 전개되어 plate의 상단 근처에 다다르면 plate를 꺼내어 연필로 용매선을 그린 후 말린다.(주의 용매가 plate 상단을 지나서는 안 된다.)
7. UV 254 nm 하에서 관찰하여 반점의 테두리를 연필로 그리고 각 해열제의 R_f 값을 구한다(UV 램프가 없는 경우 다른 비커에 약간의 I_2를 넣고 사용한 TLC plate를 넣으면 반점이 나타난다).
8. 세 가지 해열제 용액 중 일부 또는 전체의 혼합으로 만들어진 미지 시료를 모세관으로 묻혀서 TLC plate에 반점을 만든 후 위의 실험과 같은 방법으로 관찰하여 각각의 R_f 값을 기록하고 위의 값과 비교한다(주의 반드시 4번에서 사용한 동일한 혼합 비율의 용매를 사용하여야만 한다. 용매의 혼합 조건이 달라지면 R_f 값이 변한다).
9. 얻어진 R_f 값으로부터 미지 시료에 들어 있는 해열제의 종류를 확인한다.

실험 2. 종이 크로마토그래피

1. 한 가지 색의 고체 식용 색소 1 g을 전개액에 녹여 시약병에 보관한다.
2. 폭 2 cm, 길이 9 cm 정도의 거름종이에 하단에서 약 2 cm의 거리에 연필로 하단과 평행한 선을 긋는다.
3. 식용 색소 용액을 모세관에 묻혀서 거름종이의 연필로 표시한 선 위에 지름이 약 1 mm 정도 되는 반점을 만든 후 용매가 완전히 마를 때까지 기다린다.
4. 전개용 삼각 플라스크에 전개액(물 : 진한 암모니아수 : 아세톤 = 80 : 10 : 10)을 약 0.5 cm 높이로 넣고 위의 그림과 같이 반점이 찍힌 거름종이를 넣고 고무마개를 막은 후 용매를 전개한다(주의 반점이 용매에 잠기면 안 되며, 뚜껑이 열려 있으면 전개용 병 내부가 용매의 증기로 포화되지 않아 종이가 마를 수 있다).
5. 용매가 거름종이를 따라 전개되어 종이의 상단 근처에 다다르면 종이를 꺼내어 연필로 용매선을 그린 후 말린다(주의 용매가 종이 상단을 지나서는 안 된다).
6. 각 성분의 R_f 값을 구한다.

7. 다른 색의 색소를 사용하여 반복 실험을 한다.

4 실험 결과 처리

1. 실험 1. TLC

각 시료의 R_f 값의 계산

세 개의 시료를 전개하여 각각의 이동 거리(cm)를 얻었다. 각각의 R_f 값은 다음과 같다.

$$\text{a의 } R_f = \frac{1.23\ \text{cm}}{4.00\ \text{cm}} = 0.308$$

$$\text{b의 } R_f = \frac{2.32\ \text{cm}}{4.00\ \text{cm}} = 0.585$$

$$\text{c의 } R_f = \frac{2.89\ \text{cm}}{4.00\ \text{cm}} = 0.723$$

이렇게 얻어진 순수한 물질의 R_f 값들과 혼합물로부터 얻어진 R_f 값들을 비교하여 구성 성분을 확인한다.

크로마토그래피

소속대학 ______________ 실험일자 ______________

학과(학부) ______________ 제출일자 ______________

학 번 ______________ 담당교수 ______________

성 명 ______________ 확 인 ______________

1. TLC

순수한 용액의 R_f 값

	순수한 용액 1	순수한 용액 2	순수한 용액 3
용매의 이동 거리 (cm)			
시료의 이동 거리 (cm)			
R_f			

혼합 용액의 R_f 값

	혼합 용액		
	반점 1	반점 2	반점 3
용매의 이동 거리 (cm)			
시료의 이동 거리 (cm)			
R_f			
성분			

절취선

2. 종이 크로마토그래피

순수한 용액의 R_f 값

	청색 1호	적색 3호	황색 5호	녹색 3호
용매의 이동 거리 (cm)				
시료의 이동 거리 (cm)				
R_f				

혼합 용액의 R_f 값

	혼합 용액		
	반점 1	반점 2	반점 3
용매의 이동 거리 (cm)			
시료의 이동 거리 (cm)			
R_f			
성분			

3. 생각해보기

※ 크로마토그래피에서 용매의 극성과 R_f 값의 변화에 대하여 기술하여라.

실험 33

Laboratory Experiments for General Chemistry

분광 광도계를 이용한 평형 상수의 측정

1 실험 배경

평형이란, 상반되는 두 반응이 동적으로 균형을 이룬 상태임을 의미한다. 어떤 온도에서 일어나는 일반적인 반응을 다음과 같이 표현할 수 있다.

$$aA + bB \rightleftharpoons cC + dD \tag{1}$$

이 반응이 평형에 도달하였을 때 그 평형 상수는 다음과 같이 나타낼 수 있다.

$$K = \frac{[C]^c[D]^d}{[A]^a[B]^b} \tag{2}$$

여기서 상수 K를 이 반응의 평형 상수라 하며, 주어진 온도에서는 각 반응에 대하여 고유의 값을 갖는다. 따라서 평형 상태에서 존재하는 화학종들의 농도를 측정하면 평형 상수를 계산할 수 있다.

$Fe(NO_3)_3$ 용액과 KSCN 용액을 섞으면 다음 반응에 따라서 붉은색을 띤 착이온인 $FeSCN^{2+}$이 생긴다.

$$Fe^{3+}(aq) + SCN^-(aq) \rightleftharpoons FeSCN^{2+}(aq) \tag{3}$$

착이온의 농도(x)를 측정하면 아래와 같이 이 반응의 평형 상수를 계산할 수 있다. 변수 a와 b는 각각 Fe^{3+} 및 SCN^-의 초기 농도이다. 생성된 착이온의 농도는 착이온의 표준 용액과 흡광도를 비교하여 구할 수 있다.

$$K = \frac{[FeSCN^{2+}]}{[Fe^{3+}][SCN^-]} = \frac{x}{(a-x)(b-x)} \tag{4}$$

색을 띤 $FeSCN^{2+}$용액의 흡광도는 이 용액의 농도와 빛이 통과하는 용액의 두께에 비례한다.

농도와 흡광도와의 관계는 Beer의 법칙을 따른다. Beer의 법칙에 의하면 흡광도는 시료의 몰흡광 계수 ε, 투과 거리에 해당하는 시료 용기의 두께 l, 그리고 시료의 몰농도 c로 다음과 같이 표시할 수 있다.

$$A = \varepsilon lc$$

따라서 시료의 흡광 계수와 투과 거리를 알고 있는 경우에는 시료 용액의 흡광도를 측정하면 용액 속에 빛을 흡수하는 물질의 농도를 얻을 수 있다.

본 실험에서는 스펙트로닉 20(Spectronic 20) 분광 광도계를 이용하여 표준 용액의 흡광도를 측정하여 좀 더 정확한 평형 상수를 구하고자 한다. 스펙트로닉 20 분광 광도계는 홑살(single beam) 분광 광도계로 빛이 일정한 투과 거리를 갖는 셀을 지날 때 시료에 의하여 흡수되는 정도를 측정하는 장치이다. 주어진 시료에 대한 최대 흡수 파장(λ_{max})을 구하고, 각 농도에 따른 흡광도를 측정하여 농도와 흡광도 사이의 검정 곡선을 얻는다. 최대 흡수 파장(λ_{max})에서 표준 용액의 농도에 따른 흡광도를 측정하여 검정 곡선을 만들고 최소 제곱법을 이용하여 농도와 흡광도의 관계식을 구한다. 미지 시료의 흡광도를 측정하여 관계식에 대입하면 농도를 구할 수 있다.

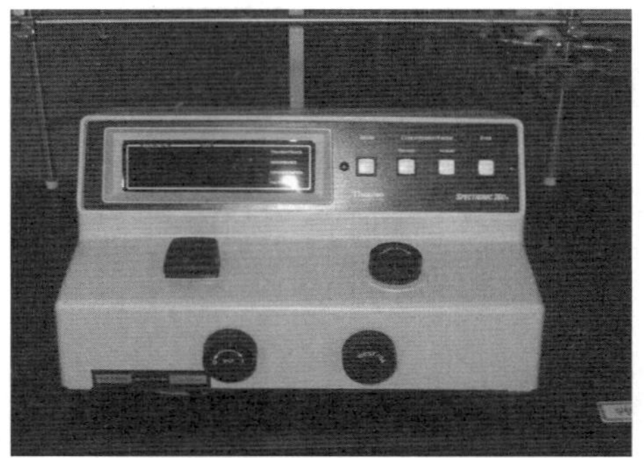

스펙트로닉 20 분광 광도계

2 실험 기구 및 시약

시험관 5개, 시험관대 1개, Cuvette 2개, 10 mL 눈금 피펫 2개, 100 mL 비커 1개, 스포이드 2개, 스펙트로닉 20 분광 광도계, 0.0020 M, 0.200 M $Fe(NO_3)_3 \cdot 9H_2O$ 용액, 1 M HNO_3, 0.00200 M KSCN 용액

- 0.200 M $Fe(NO_3)_3 \cdot 9H_2O$ 용액: 100 mL의 부피 플라스크에 8.08 g의 $Fe(NO_3)_3 \cdot 9H_2O$를 넣고 증류수로 녹인 다음 15 M HNO_3 6.67 mL를 넣고 표선까지 증류수를 채운다. 0.0020 M 용액은 0.200 M 용액을 1 M 질산 용액으로 100배 묽혀 제조한다.
- 0.00200 M KSCN 용액: 100 mL의 부피 플라스크에 0.0194 g의 KSCN을 넣고 증류수로 녹인 다음 표선까지 증류수를 채운다.
- 1 M HNO_3 용액: 100 mL의 부피 플라스크에 15 M HNO_3 6.67 mL를 넣은 다음 표선까지 증류수를 채운다.

3 실험 과정

1. 5개의 시험관에 1번부터 5번까지 번호를 매기고 시험관대에 나란히 세운다.
2. 10 mL 눈금 피펫을 사용하여 0.00200 M $Fe(NO_3)_3$ 용액 5.0 mL를 취하여 각 시험관에 넣는다(주의 $Fe(NO_3)_3$ 용액은 1 M HNO_3 용액으로 만들어졌으며, 사용에 유의할 것).
3. 10 mL 눈금 피펫을 사용하여 0.00200 M KSCN 용액을 각각 2.0, 3.0, 4.0, 5.0 mL를 취하여 시험관 1~4에 넣는다.
4. 10 mL 눈금 피펫을 사용하여 증류수를 각각 3.0, 2.0, 1.0, 0.0 mL를 취하여 시험관 1~4에 넣는다. 전체 부피는 모두 10 mL가 되게 한다.

시험관 번호	$Fe(NO_3)_3$ 용액 (mL)	KSCN 용액 (mL)	증류수 (mL)	전체부피 (mL)
1	5.0	2.0	3.0	10.0
2	5.0	3.0	2.0	10.0
3	5.0	4.0	1.0	10.0
4	5.0	5.0	0.0	10.0

5. 0.200 M $Fe(NO_3)_3$ 용액 9.0 mL를 취하여 5번 시험관에 넣고 1.0 mL의 0.00200 M KSCN 용액을 넣고 잘 섞는다(**참고**. 이때, Fe^{3+} 이온이 과량으로 존재하므로 SCN^- 이온은 모두 $FeSCN^{2+}$ 착물로 바뀐다. 따라서 이 용액은 0.000200 M $FeSCN^{2+}$의 표준 용액이다).
6. 실험 5에서 만든 $FeSCN^{2+}$의 표준 용액을 이용하여 스펙트로닉 20 분광 광도계에 넣고 410~610 nm 사이에서 20 nm 간격으로 흡광도를 측정하여 최대 흡광도를 갖는 파장을 찾는다.
7. 최대 흡광도를 갖는 파장에서 네 개의 용액에 대한 흡광도를 측정한다.

4 자료

1. $Fe(NO_3)_3 \cdot 9H_2O$의 화학식량: 404.00 g/mol
2. KSCN의 화학식량: 97.181 g/mol

5 실험 결과 처리

1. 평형 상수 계산

흡광도를 이용한 검정 곡선으로부터 $FeSCN^{2+}$의 평형 농도를 구하고, Fe^{3+}, SCN^-

의 평형 농도를 계산하여 평형 상수를 구한다. 시험관 1의 결과가 $[FeSCN^{2+}]_{eq}$ = 0.000100 M로 얻어졌다면, $[Fe^{3+}]_{eq}$ = 0.00090 M, $[SCN^-]_{eq}$ = 0.000300 M이 된다.

$$[FeSCN^{2+}]_{eq} = 0.000100\ M$$

$$[Fe^{3+}]_{eq} = 0.00100 - 0.000100\ M = 0.00090\ M$$

$$[SCN^-]_{eq} = 0.000400 - 0.000100\ M = 0.000300\ M$$

$$K = \frac{[FeSCN^{2+}]}{[Fe^{3+}][SCN^-]} = \frac{0.000100\ M}{0.00090\ M \times 0.0003000M} = 370\ (= 3.7 \times 10^2)$$

분광 광도계를 이용한 평형 상수의 측정

소 속 대 학 ______________ 실 험 일 자 ______________

학과(학부) ______________ 제 출 일 자 ______________

학　　번 ______________ 담 당 교 수 ______________

성　　명 ______________ 확　　인 ______________

1. 실험 결과

시험관 번호	취한 부피 (mL)				혼합 용액의 초기 농도 (M)		흡광도
	0.00200 M $Fe(NO_3)_3$	0.00200 M KSCN	증류수	전체	$[Fe^{3+}]$	$[SCN^-]$	
1							
2							
3							
4							
5							

절취선

2. 평형 농도 및 평형 상수

시험관 번호	$[FeSCN^{2+}]$	$[Fe^{3+}]$	$[SCN^-]$	K
1				
2				
3				
4				

3. 평형 농도 및 평형 상수 계산식

4. 생각해보기

※ Beer의 법칙에 대하여 좀 더 자세히 기술하여라. 농도가 매우 진할 경우 Beer의 법칙에서 벗어난다. 그 이유를 설명하여라.

분광 광도계를 이용한 정량 분석

1 실험 배경

혼합물에 들어 있는 화합물의 농도를 정확하게 알아내기 위해서는 부피 분석(volumetric analysis)이나 무게 분석(gravimetric analysis)의 방법이 많이 사용되어 왔지만 빛을 이용하는 분광 분석(spectrophotometric analysis) 방법도 널리 사용되고 있다. 분광 분석법은 화합물이 흡수 또는 방출하는 전자기 복사선(빛)의 파장과 흡수 또는 방출의 정도를 측정하여 화합물의 농도를 알아내는 방법이다.

모든 화합물은 독특한 전자 구조를 가지고 있기 때문에 가시 광선이나 자외선을 흡수하는 성질 역시 각 물질마다 모두 다르다. 분자는 전자의 에너지 준위들 사이의 에너지 차이가 광자(photon)의 에너지 $h\nu$와 정확히 같은 경우에만 빛을 흡수한다. 따라서 빛의 파장을 변화시키면서 분자에 의하여 흡수되는 정도를 나타내는 흡수 스펙트럼은 분자의 종류를 알아내기 위한 방법으로 많이 이용되기도 하지만, 분자가 일정한 파장의 빛을 흡수하는 정도를 측정하여 용액 속에 포함되어 있는 화합물의 농도를 알아내는 목적으로도 활용된다.

I_0의 세기를 가진 빛을 시료에 쪼여주면 그 중의 일부가 흡수되고 I의 세기를 가진 빛이 투과하게 된다. 이 경우에 빛이 시료에 의하여 흡수된 정도는 흡광도 A로 나타낼 수 있다.

$$A = -\log\frac{I}{I_0}$$

Beer의 법칙에 의하면 흡광도는 시료의 몰 흡광계수 ε, 투과 거리에 해당하는 시료 용기의 두께 l, 그리고 시료의 몰농도 c로 다음과 같이 표시할 수 있다.

$$A = \varepsilon lc$$

따라서 시료의 흡광 계수와 투과 거리를 알고 있는 경우에는 시료 용액의 흡광도를 측정하면 용액 속에 빛을 흡수하는 물질의 농도를 얻을 수 있다.

아스피린의 용액은 투명하여 400~700 nm 사이의 가시광선을 흡수하지 않는다. 강한 염기에 의해 가수분해된 아스피린은 양성자를 잃고 음이온으로 존재하며, 산성 용액에서 Fe^{3+}와 1:1 반응으로 결합하여 아주 짙은 보라색을 띠며 pH < 2에서 안정한 착화합물을 만든다.

$$\text{Aspirin} \xrightarrow{OH^-} \text{Salicylate dianion} \xrightarrow[H^+]{Fe^{3+}} \text{Fe}(H_2O)_4 \text{ complex}$$

가시광선이 이 착화합물에 조사되면 녹색에 해당되는 빛이 흡수되며 용액은 보라색을 띤다. 또한 흡광도는 Beer의 법칙을 잘 따른다.

2 실험 기구 및 시약

100 mL 부피 플라스크 5개, 250 mL 부피 플라스크 1개, 5 mL 눈금 피펫 1개, 스펙트로닉 20 분광기, 분광기용 용기(큐벳), 아스피린, 0.01 M $FeCl_3 \cdot 6H_2O$ 용액, 1 M NaOH, 1 M HCl

- 0.01 M $FeCl_3 \cdot 6H_2O$ 용액: 1 L 부피 플라스크에 2.703 g의 $FeCl_3 \cdot 6H_2O$를 넣고 증류수로 녹인 다음 표선까지 증류수를 채운다.
- 1 M NaOH 용액: 100 mL 부피 플라스크에 4.17 g의 96% NaOH를 넣고 증류수로 녹인 다음 표선까지 증류수를 채운다.
- 1 M HCl 용액: 100 mL 부피 플라스크에 8.33 mL의 37% HCl을 넣고 표선까지 증류수를 채운다.

3 실험 과정

실험 1. Beer의 법칙 곡선

1. 0.45 g의 아스피린을 1 M NaOH 10 mL에 녹여 끓을 정도로 가열한다. 완전히 녹으면 250 mL 부피 플라스크에 옮긴 후 증류수로 묽혀 250 mL를 만든다(0.010 M 용액).
2. 5개의 100 mL 부피 플라스크에 1에서 얻은 용액을 1.00 mL, 2.00 mL, 3.00 mL, 4.00 mL, 5.00 mL를 각각 넣고 1 M HCl 1 mL를 넣은 후 0.01 M $FeCl_3 \cdot 6H_2O$ 용액으로 100 mL로 묽힌다.
3. 525 nm 파장에서 용액의 흡광도를 측정하여 가로축을 흡광도, 세로축을 농도로

하여 검정 곡선을 그린다.

4. 최소 제곱법으로 흡광도와 농도 사이의 선형 관계식을 얻는다.
5. 미지 시료의 흡광도를 측정하여 검정식으로부터 농도를 결정한다.

4 자료

1. 아스피린의 화학식량: 180.16 g/mol
2. $FeCl_3 \cdot 6H_2O$의 화학식량: 270.30 g/mol

5 실험 결과 처리

1. 미지 시료의 농도 계산

직교 좌표의 가로축을 흡광도, 세로축을 농도로 하여 검정 곡선을 그린다. 최소 제곱법으로 흡광도와 농도 사이의 선형 관계식을 얻는다.

$$\text{흡광도}(A) = 1.62 \times 10^3 \times \text{농도}(\mathrm{M}) - 0.001$$

미지 시료의 흡광도를 측정하여 검정식으로부터 농도를 결정한다. 미지 시료에 대한 동일 조건에서의 흡광도가 0.345로 관찰되었다면, 농도는 2.14×10^{-4} M이다.

분광 광도계를 이용한 정량 분석

소속대학 ______________ 실험일자 ______________

학과(학부) ______________ 제출일자 ______________

학 번 ______________ 담당교수 ______________

성 명 ______________ 확 인 ______________

1. 실험 결과

사용한 아스피린의 질량 (g): g

시험관 번호	취한 부피 (mL)			아스피린-Fe 착물의 농도 (M)	흡광도
	NaOH 처리된 아스피린	1 M 염산	전체		
1					
2					
3					
4					
5					
미지 시료					

2. 농도(C)-흡광도(A) 관계식 및 미지 시료의 농도

$C =$ ______________ $A +$ ______________

미지 시료의 농도(M) = ______________ M

절취선

3. 생각해보기

※ 금속 이온과 리간드 사이에 착물이 형성됨에 따라 색깔 변화와 몰 흡광계수의 변화를 가져 온다. 이를 이용한 분광 광도법에 대하여 좀 더 자세히 기술하여라.

실험 35

Laboratory Experiments for General Chemistry

아스피린 분해의 반응 속도 측정

1 실험 배경

화학 반응 속도론(chemical kinetics)이란 화학 반응의 속도에 관련된 분야이다. 여기서 속도론(kinetics)은 시간에 따른 반응물 또는 생성물의 농도 변화(M/s)로서 반응의 속도(reaction rate)를 말한다.

시각, 광합성, 핵 연쇄 반응에서 초기 반응들은 10^{-12}~10^{-6}초와 같은 아주 짧은 시간에 일어난다. 시멘트의 양생과 흑연에서 다이아몬드로 변화되는 것과 같은 반응은 몇 년에서 몇 백만 년에 걸쳐 일어나기도 한다. 실제적인 응용에서 새로운 약품 개발, 공해 물질 제거, 식품 가공에 반응속도론 지식은 매우 유용하다. 산업 현장에서 화학자들은 수득률의 극대화보다는 반응 속도를 높이는 데 역점을 둔다.

화학 반응은 다음과 같이 일반식으로 나타낼 수 있다.

$$A \longrightarrow B$$

이 식은 반응이 진행되는 동안 생성물 분자의 농도가 증가하고, 반응물 분자의 농도가 감소되는 것을 의미한다. 그 결과 반응물의 농도 감소나 생성물의 농도 증가를 측정함으로써 반응의 진행을 살펴볼 수 있다. 따라서 A → B 반응에 대해서 반응 속도는 다음과 같이 나타낼 수 있다.

$$\text{속도} = -\frac{d[A]}{dt} = \frac{d[B]}{dt}$$

여기서 d[A], d[B]와 dt는 단위 시간 동안 농도 변화(몰농도)를 나타낸다. 일정 시간 동안 A의 농도는 감소하기 때문에 d[A]는 음이다. 반응 속도를 양으로 만들기 위해서 음의 부호가 필요한 것이다. 반면 d[B]는 양의 값이기 때문에 생성물의 생성 속도는 음의 부호가 필요하지 않다. 실험에서는 일정 시간 Δt 동안 변화한 양을 측정하기 때문에 다음과 같이 평균 반응 속도(average rate)를 얻는다.

$$\text{평균 반응 속도} = -\frac{\Delta[A]}{\Delta t} = \frac{\Delta[B]}{\Delta t}$$

실험으로 반응 속도를 결정하기 위해서는 시간에 따라 반응물(또는 생성물)의 농도를 측정해야만 한다. 용액 상 반응에서 물질의 농도는 분광학적 방법으로 측정할 수 있다. 이온들이 포함된 반응일 경우에는 전도도 측정으로 농도 변화를 알 수 있다. 기체를 포함하는 반응일 경우에는 압력 측정으로 농도 변화를 알 수 있다.

Arrhenius 식은 반응 속도에 영향을 미치는 인자들을 고려하여 정리한 식이다. k는 속도 상수, A는 잦음률, E_a는 활성화 에너지, T는 절대 온도이다.

$$\text{속도 상수 } k = \mathrm{A}e^{-\frac{E_a}{RT}}$$

서로 다른 온도에서 얻어진 속도 상수를 이용하여 반응의 활성화 에너지를 구할 수 있다.

$$\ln k = -\frac{E_a}{RT} + \ln A$$

$\ln k$와 $\frac{1}{T}$ 도시에서 기울기는 $-\frac{E_a}{R}$이다.

아스피린은 일반적으로 안정하나, 다음과 같이 물과 열에 의해 분해된다.

(아스피린) + H_2O ⟶ (살리실산) + H_3C–C(=O)–OH

70°C와 80°C의 물중탕에서 반응을 실시하여 아스피린의 분해 반응에 대한 반응 속도를 구한다. 그 자료로부터 반응 차수와 활성화 에너지를 구한다.

2 실험 기구 및 시약

시험관 5개, 100 mL 부피 플라스크 5개, 250 mL 부피 플라스크 1개, 5 mL 눈금 피펫 1개, 물중탕, 얼음 중탕, 스펙트로닉 20 분광기, 분광기용 용기(큐벳), 아스피린, 살리실산, 0.025 M $Fe(NO_3)_3 \cdot 9H_2O$ 용액

- 0.025 M $Fe(NO_3)_3 \cdot 9H_2O$ 용액: 1 L 부피 플라스크에 10.10 g의 $Fe(NO_3)_3 \cdot 9H_2O$를 넣고 증류수로 녹인 다음 표선까지 증류수를 채운다.
- 살리실산 표준 용액 제조: 100 mL 부피 플라스크에 0.138 g의 살리실산을 넣고 10 mL의 증류수로 녹인 후 0.025 M $Fe(NO_3)_3 \cdot 9H_2O$ 용액을 표선까지 채워

0.01 M 용액을 제조한다. 이 용액을 10배, 50배, 100배, 500배 묽혀서 표준 용액을 제조한다.

3 실험 과정

실험 1. 반응 속도의 측정

1. 0.060 g(3.33×10^{-4} mol)의 아스피린을 정확히 취해 시험관어 넣는다.
2. 10.0 mL의 증류수를 넣는다.
3. 자석 젓개를 넣고, 시험관을 80°C로 맞추어진 물중탕에 넣고 자석 교반을 한다. 아스피린이 녹으면(1분 이내), 천천히 교반한다.
4. 6분간 반응을 시킨 후, 시험관을 꺼내 곧바로 얼음 중탕에 넣어 반응을 종결시킨다.
5. 5.0 mL 0.025 M $Fe(NO_3)_3$ 용액을 시험관에 넣는다. 철 이온이 살리실산과 반응하여 보라색으로 변할 것이다. 색의 변화가 더 이상 없을 때까지 교반한다.
6. 용액을 스펙트로닉 20 분광기에 넣고 525 nm의 흡광도를 측정한다.
7. 525 nm의 동일한 파장에서 표준 용액의 흡광도를 측정하여 가로축을 흡광도, 세로축을 농도로 하여 검정 곡선을 그린다.
8. 최소 제곱법으로 흡광도와 농도 사이의 선형 관계식을 얻는다.
9. 흡광도를 측정하여 얻은 검정식으로부터 살리실산의 농도를 결정한다.

실험 2. 반응 차수의 측정

1. 0.040 g(2.22×10^{-4} mol)의 아스피린을 정확히 취해 실험 1의 전과정을 반복한다.
2. 80°C에서의 반응의 차수를 구한다.

실험 3. 활성화 에너지의 측정

1. 0.060 g(3.33×10^{-4} mol)의 아스피린을 정확히 취해 70°C에서 실험 1의 전과정을 반복한다.
2. 70°C에서는 반응이 느리므로 반응 시간은 12분으로 한다.
3. Arrhenius 식으로부터 반응의 활성화 에너지를 구한다.

4 자료

1. 아스피린의 화학식량: 180.16 g/mol
2. $Fe(NO_3)_3 \cdot 9H_2O$의 화학식량: 404.00 g/mol
3. 살리실산의 화학식량: 138.12 g/mol
4. 기체 상수 R: 8.314 J/K • mol

5 실험 결과 처리

1. 반응 속도로부터 반응 차수의 결정

여기에 제시된 자료는 실험 결과 처리의 예시를 위한 임의의 자료이므로 실제 결과와 일치하지 않을 수도 있다. 아스피린이 물과 반응하여 분해될 때, 반응 속도식은 각 반응물에 1차인 2차 반응 속도를 나타낼 것으로 예상된다. 하지만 본 실험에서는 물이 반응물과 용매 역할을 하기 때문에 물의 농도는 일정하다고 가정하면, 다음과 같은 속도식이 얻어진다.

$$\text{반응 속도} = k[\text{아스피린}]^n$$

단, k는 속도 상수, n은 반응 차수이다. 만약 아스피린의 초기 농도가 3.33×10^{-2} M일 때, 6분 후 측정한 살리실산의 농도는 3.60×10^{-4} M이고, 아스피린의 초기 농도가 2.22×10^{-2} M일 때, 6분 후 측정한 살리실산의 농도는 2.40×10^{-4} M이라면 다음과 같은 관계식이 얻어진다.

$$\text{반응 속도 1} = 1.00 \times 10^{-6}\ \text{M/s} = k\,[3.33 \times 10^{-2}]^n$$

$$\text{반응 속도 2} = 6.67 \times 10^{-7}\ \text{M/s} = k\,[2.22 \times 10^{-2}]^n$$

$$\frac{3}{2} = \left(\frac{3}{2}\right)^n$$

따라서 $n = 1$이고, $k = 3.00 \times 10^{-5}\ \text{s}^{-1}$이다.

2. 활성화 에너지의 결정

80.00°C에서 측정한 속도 상수 $k = 3.00 \times 10^{-5}\ \text{s}^{-1}$이고, 70.00°C에서 측정한 속도 상수 $k = 1.60 \times 10^{-5}\ \text{s}^{-1}$이라면, 다음과 같은 자료가 얻어진다.

반응 온도 (°C)	$\frac{1}{T}$ (K^{-1})	k (s^{-1})	ln k
80.00	0.002832	3.00×10^{-5}	−10.414
70.00	0.002915	1.60×10^{-5}	−11.043

ln k와 $\frac{1}{T}$ 도시에서 기울기는 $-\frac{E_a}{R}$이므로 활성화 에너지는 63.8 kJ/mol이다.

$$-7.67 \times 10^3 = -\frac{E_a}{R}$$

$$E_a = 6.38 \times 10^4\ \text{J/mol}$$

$$= 63.8\ \text{kJ/mol}$$

아스피린 분해의 반응 속도 측정

소 속 대 학 ______________ 실 험 일 자 ______________

학과(학부) ______________ 제 출 일 자 ______________

학 번 ______________ 담 당 교 수 ______________

성 명 ______________ 확 인 ______________

절취선

1. 반응 속도의 측정

아스피린의 질량 (g)		0.025 M $Fe(NO_3)_3$ 용액의 부피 (mL)	
아스피린의 몰수 (mol)		525 nm의 흡광도	
증류수의 부피 (mL)		잔류 농도 (M)	
반응 온도 (°C)		반응한 농도 (M)	
반응 시간 (s)		평균 반응 속도 (M/s)	

2. 반응 차수의 측정

반응 속도 = k[아스피린]^{n}으로 간주한다. 단, k는 속도 상수, n은 반응 차수이다.

아스피린의 질량 (g)		0.025 M $Fe(NO_3)_3$ 용액의 부피 (mL)	
아스피린의 몰수 (mol)		525 nm의 흡광도	
증류수의 부피 (mL)		잔류 농도 (M)	
반응 온도 (°C)		반응한 농도 (M)	
반응 시간 (s)		평균 반응 속도 (M/s)	

반응 차수:

3. 활성화 에너지의 측정

아스피린의 질량 (g)		0.025 M $Fe(NO_3)_3$ 용액의 부피 (mL)	
아스피린의 몰수 (mol)		525 nm의 흡광도	
증류수의 부피 (mL)		잔류 농도 (M)	
반응 온도 (°C)		반응한 농도 (M)	
반응 시간 (s)		평균 반응 속도 (M/s)	

4. 활성화 에너지

반응의 활성화 에너지: __________ kJ/mol

반응 온도 (°C)	$\frac{1}{T}$ (K^{-1})	k (s^{-1})	ln k

5. 생각해보기

※ 반응 속도론에서 반감기란 무엇인가? 각 반응 차수에 따른 반감기를 나타내는 식과 각 인자들의 의미를 설명하여라.

참고 문헌

단행본

1. Slowinski, E. J., Wolsey, W. C., "Chemical Principles in the Laboratory", 9th Ed., Brooks/Cole Cengage Learning, Belmont, USA, **2009**.

2. Block, T. F., McKelvy, G. M., "Laboratory Experiments for General Chemistry", 5th Ed., Thomson Brooks/Cole, Belmont, USA, **2005**.

3. Landgrebe, J. A., "Theory and Practice in the Organic Laboratory with Microscale and Standard Scale Experiments", 5th Ed., Thomson Brooks/Cole, Belmont, USA, **2005**.

4. Szafran, Z., Pike, R. M., Singh, M. M., "Microscale Inorganic Chemistry: A Cpmrehensive Laboratory Experience", John Wiley & Sons, Inc., New York, USA, **1991**.

5. 대한화학회, "표준 일반화학실험", 제7개정판, 천문각, 서울, **2011**.

6. Zumdahl, S. S., Zumdahl, S. A., "Chemistry", 9th Ed., Brooks/Cole Cengage Learning, Belmont, USA, **2014**.

7. Chang, R., "Chemistry", 10th Ed., McGraw-Hill Higher Education, Columbus, USA, **2010**.

8. Atkins, P., Paula, J. D., "Physical Chemistry", 9th Ed., W. H. Freeman and Company, New York, USA, **2010**.

9. Skoog, D. A., West, D. M., Holler, F. J., Crouch, S. R., "Fundamentals of Analytical Chemistry", 9th Ed., Brooks/Cole Cengage Learning, Belmont, USA, **2014**.

10. Skoog, D. A., Holler, F. J., Crouch, S. R., "Principles of Instrumental Analysis", 6th Ed., Brooks/Cole Cengage Learning, Belmont, USA, **2006**.

11. 이순원, 권영욱, "이공학을 위한 무기화학 강의" 사이플러스, **2012**.

12. Ozin, G. A.; Arsenault, A. C.. "Nanochemistry", RSC, UK, **2005**.

학술논문

1. Fan, J.; Sun, W. -Y.; Okamura, T.-A.; Yu, K.-B.; Ueyama, N. *Inorg. Chim. Acta*, **2001**, *319*, 240.

2. Michalowicz, A.; Girerd, J. J.; Goulon, J. *Inorg. Chem.* **1979**, *18*, 3004.

3. Shalhoub, G. M. J. *Chem. Educ.* **1980**, *57*, 525.

4. Bryant, B. E.; Fernelius, W. C. *Inorg. Synth.* **1957**, *5*, 188.

5. McFarland, A. D.; Haynes, C. L.; Mirkin, C. A.; Van Duyne, R. P.; Godwin, H. A. *J. Chem. Edu.* **2004**, *81*, 544A.

6. Sharma, V.; Park, K.; Srinivasarao, M. Mater. *Sci. Eng. Reports* **2009**, *65*, 1.

7. Perrault, S. D.; Chan, W. C. W. J. Am. *Chem. Soc.* **2009**, *131*, 17042.

8. Alibrandi, G.; Micali, N.; Trusso, S.; Villari, A., *J. Pharmac. Sci.* **1996**, *85*, 1105.

9. Mitchell−Koch, J. T.; Reid, K. R.; Meyerhoff, *J. Chem. Educ.* **2008**, *85*, 1658.

제3부 물질의 특성 자료

3-1. 온도에 따른 물의 밀도

온도(°C)	밀도 (g/mL)	온도(°C)	밀도 (g/mL)
0	0.99984	21	0.99800
1	0.99990	22	0.99777
2	0.99994	23	0.99754
3	0.99997	24	0.99730
4	0.99998	25	0.99705
5	0.99997	26	0.99679
6	0.99994	27	0.99652
7	0.99990	28	0.99624
8	0.99985	29	0.99575
9	0.99978	30	0.99565
10	0.99970	31	0.99534
11	0.99961	32	0.99503
12	0.99950	33	0.99471
13	0.99938	34	0.99437
14	0.99925	35	0.99403
15	0.99910	36	0.99369
16	0.99895	37	0.99333
17	0.99878	38	0.99297
18	0.99860	39	0.99260
19	0.99841	40	0.99222
20	0.99821	41	0.99183

3-2. 온도에 따른 물의 증기 압력

온도(°C)	수증기압 (mmHg)	온도(°C)	수증기압 (mmHg)
0	4.58	33	37.7
5	6.54	34	39.9
10	9.21	35	42.18
15	12.79	40	55.32
20	17.54	45	71.88
21	18.6	50	92.51
22	19.8	55	118.04
23	21.1	60	149.38
24	22.4	65	187.54
25	23.76	70	233.7
26	25.2	75	289.1
27	26.7	80	355.1
28	28.3	85	433.6
29	30.0	90	525.8
30	31.82	95	633.90
31	33.7	100	760.0
32	35.7		

3-3. 표준 환원 전위

반쪽 반응	$E°$(V)
$F_2(g) + 2e^- \longrightarrow 2F^-(aq)$	+2.87
$O_3(g) + 2H^+(aq) + 2e^- \longrightarrow O_2(g) + H_2O$	+2.07
$Co^{3+}(aq) + e^- \longrightarrow Co^{2+}(aq)$	+1.82
$H_2O_2(aq) + 2H^+(aq) + 2e^- \longrightarrow 2H_2O$	+1.77
$PbO_2(s) + 4H^+(aq) + SO_4^{2-}(aq) + 2e^- \longrightarrow PbSO_4(s) + 2H_2O$	+1.70
$Ce^{4+}(aq) + e^- \longrightarrow Ce^{3+}(aq)$	+1.61
$MnO_4^-(aq) + 8H^+(aq) + 5e^- \longrightarrow Mn^{2+}(aq) + 4H_2O$	+1.51
$Au^{3+}(aq) + 3e^- \longrightarrow Au(s)$	+1.50
$Cl_2(g) + 2e^- \longrightarrow 2Cl^-(aq)$	+1.36
$Cr_2O_7^{2-}(aq) + 14H^+(aq) + 6e^- \longrightarrow 2Cr^{3+}(aq) + 7H_2O$	+1.33
$MnO_2(s) + 4H^+(aq) + 2e^- \longrightarrow Mn^{2+}(aq) + 2H_2O$	+1.23
$O_2(g) + 4H^+(aq) + 4e^- \longrightarrow 2H_2O$	+1.23
$Br_2(l) + 2e^- \longrightarrow 2Br^-(aq)$	+1.07
$NO_3^-(aq) + 4H^+(aq) + 3e^- \longrightarrow NO(g) + 2H_2O$	+0.96
$2Hg^{2+}(aq) + 2e^- \longrightarrow Hg_2^{2+}(aq)$	+0.92
$Hg_2^{2+}(aq) + 2e^- \longrightarrow 2Hg(l)$	+0.85
$Ag^+(aq) + e^- \longrightarrow Ag(s)$	+0.80
$Fe^{3+}(aq) + e^- \longrightarrow Fe^{2+}(aq)$	+0.77
$O_2(g) + 2H^+(aq) + 2e^- \longrightarrow H_2O_2(aq)$	+0.68
$MnO_4^-(aq) + 2H_2O + 3e^- \longrightarrow MnO_2(s) + 4OH^-(aq)$	+0.59
$I_2(s) + 2e^- \longrightarrow 2I^-(aq)$	+0.53
$O_2(g) + 2H_2O + 4e^- \longrightarrow 4OH^-(aq)$	+0.40
$Cu^{2+}(aq) + 2e^- \longrightarrow Cu(s)$	+0.34
$AgCl(s) + e^- \longrightarrow Ag(s) + Cl^-(aq)$	+0.22
$SO_4^{2-}(aq) + 4H^+(aq) + 2e^- \longrightarrow SO_2(g) + 2H_2O$	+0.20
$Cu^{2+}(aq) + e^- \longrightarrow Cu^+(aq)$	+0.15
$Sn^{4+}(aq) + 2e^- \longrightarrow Sn^{2+}(aq)$	+0.13
$2H^+(aq) + 2e^- \longrightarrow H_2(g)$	0.00
$Pb^{2+}(aq) + 2e^- \longrightarrow Pb(s)$	−0.13
$Sn^{2+}(aq) + 2e^- \longrightarrow Sn(s)$	−0.14
$Ni^{2+}(aq) + 2e^- \longrightarrow Ni(s)$	−0.25
$Co^{2+}(aq) + 2e^- \longrightarrow Co(s)$	−0.28
$PbSO_4(s) + 2e^- \longrightarrow Pb(s) + SO_4^{2-}(aq)$	−0.31
$Cd^{2+}(aq) + 2e^- \longrightarrow Cd(s)$	−0.40
$Fe^{2+}(aq) + 2e^- \longrightarrow Fe(s)$	−0.44
$Cr^{3+}(aq) + 3e^- \longrightarrow Cr(s)$	−0.74
$Zn^{2+}(aq) + 2e^- \longrightarrow Zn(s)$	−0.76
$2H_2O + 2e^- \longrightarrow H_2(g) + 2OH^-(aq)$	−0.83
$Mn^{2+}(aq) + 2e^- \longrightarrow Mn(s)$	−1.18
$Al^{3+}(aq) + 3e^- \longrightarrow Al(s)$	−1.66
$Be^{2+}(aq) + 2e^- \longrightarrow Be(s)$	−1.85
$Mg^{2+}(aq) + 2e^- \longrightarrow Mg(s)$	−2.37
$Na^+(aq) + e^- \longrightarrow Na(s)$	−2.71
$Ca^{2+}(aq) + 2e^- \longrightarrow Ca(s)$	−2.87
$Sr^{2+}(aq) + 2e^- \longrightarrow Sr(s)$	−2.89
$Ba^{2+}(aq) + 2e^- \longrightarrow Ba(s)$	−2.90
$K^+(aq) + e^- \longrightarrow K(s)$	−2.93
$Li^+(aq) + e^- \longrightarrow Li(s)$	−3.05

산화제의 세기 증가 (↑)

환원제의 세기 증가 (↓)

3-4. 양이온과 음이온의 이름

양이온	음이온
구리(I) 이온 또는 제일구리 이온(Cu^+)	과망가니즈산 이온(MnO_4^-)
구리(II) 이온 또는 제이구리 이온(Cu^{2+})	과산화 이온(O_2^{2-})
소듐 이온(Na^+)	브로민화 이온(Br^-)
납(II) 이온 또는 제이납 이온(Pb^{2+})	사이안화 이온(CN^-)
리튬 이온(Li^+)	산화 이온(O^{2-})
마그네슘 이온(Mg^{2+})	수산화 이온(OH^-)
망가니즈(II) 이온 또는 제일망가니즈 이온(Mn^{2+})	수소화 이온(H^-)
바륨 이온(Ba^{2+})	싸이오사이안산 이온(SCN^-)
세슘 이온(Cs^+)	아이오딘화 이온(I^-)
수소 이온(H^+)	아질산 이온(NO_2^-)
수은(I) 이온 또는 제일수은 이온(Hg_2^{2+})	아황산 이온(SO_3^{2-})
수은(II) 이온 또는 제이수은 이온(Hg^{2+})	염소산 이온(ClO_3^-)
스트론튬 이온(Sr^{2+})	염화 이온(Cl^-)
아연 이온(Zn^{2+})	인산 수소 이온(HPO_4^{2-})
알루미늄 이온(Al^{3+})	인산 이온(PO_4^{3-})
암모늄 이온(NH_4^+)	인산 이수소 이온($H_2PO_4^-$)
은 이온(Ag^+)	중크로뮴산 이온($Cr_2O_7^{2-}$)
주석(II) 이온 또는 제일주석 이온(Sn^{2+})	질산 이온(NO_3^-)
철(II) 이온 또는 제일철 이온(Fe^{2+})	질화 이온(N^{3-})
철(III) 이온 또는 제이철 이온(Fe^{3+})	크로뮴산 이온(CrO_4^{2-})
카드뮴 이온(Cd^{2+})	탄산 수소 이온 또는 중탄산 이온(HCO_3^-)
포타슘 이온(K^+)	탄산 이온(CO_3^{2-})
칼슘 이온(Ca^{2+})	플루오린화 이온(F^-)
코발트(II) 이온 또는 제일코발트 이온(Co^{2+})	황산 이온(SO_4^{2-})
크로뮴(III) 이온 또는 제이크로뮴 이온(Cr^{3+})	황산 수소 이온(HSO_4^-)
루비듐 이온(Rb^+)	황화 이온(S^{2-})

3-5. 비열

물질	비열 (J/g · °C)
Al	0.900
Au	0.129
C(흑연)	0.720
C(다이아몬드)	0.502
Cu	0.385
Fe	0.444
Hg	0.139
H_2O	4.184
C_2H_5OH(에탄올)	2.46

3-6. 일상 생활에서의 물질의 pH

시료	pH 값
위산	1.0 ~ 2.0
레몬 주스	2.4
식초	3.0
자몽 주스	3.2
오렌지 주스	3.5
소변	4.8 ~ 7.5
대기 중에 노출된 물	5.5
타액	6.4 ~ 6.9
우유	6.5
순수한 물	7.0
혈액	7.35 ~ 7.45
눈물	7.4
마그네시아 우유	10.6
가정용 암모니아	11.5

3-7. 산 이온화 상수

산 이름	화학식	구조	K_a	짝염기	K_b
플루오린화 수소산	HF	H—F	7.1×10^{-4}	F^-	1.4×10^{-11}
아질산	HNO_2	O=N—O—H	4.5×10^{-4}	NO_2^-	2.2×10^{-11}
아세틸살리실산 (아스피린)	$C_9H_8O_4$	(benzene ring)—C(=O)—O—H, —O—C(=O)—CH_3	3.0×10^{-4}	$C_9H_7O_4^-$	3.3×10^{-11}
폼산	HCOOH	H—C(=O)—O—H	1.7×10^{-4}	$HCOO^-$	5.9×10^{-11}
아스코브산	$C_6H_8O_6$	H—O, OH, C=C, H, C, C=O, O, CHOH, CH_2OH	8.0×10^{-5}	$C_6H_7O_6^-$	1.3×10^{-10}
벤조산	C_6H_5COOH	(benzene ring)—C(=O)—O—H	6.5×10^{-5}	$C_6H_5COO^-$	1.5×10^{-10}
아세트산	CH_3COOH	CH_3—C(=O)—O—H	1.8×10^{-5}	CH_3COO^-	5.6×10^{-10}
사이안화 수소산	HCN	H—C≡N	4.9×10^{-10}	CN^-	2.0×10^{-5}
페놀	C_6H_5OH	(benzene ring)—O—H	1.3×10^{-10}	$C_6H_5O^-$	7.7×10^{-5}

3-8. 염기 이온화 상수

염기 이름	화학식	구조	K_b	짝산	K_a
에틸아민	$C_2H_5NH_2$	$CH_3-CH_2-\ddot{N}(H)-H$	5.6×10^{-4}	$C_2H_5\overset{+}{N}H_3$	1.8×10^{-11}
메틸아민	CH_3NH_2	$CH_3-\ddot{N}(H)-H$	4.4×10^{-4}	$CH_3\overset{+}{N}H_3$	2.3×10^{-11}
카페인	$C_8H_{10}N_4O_2$	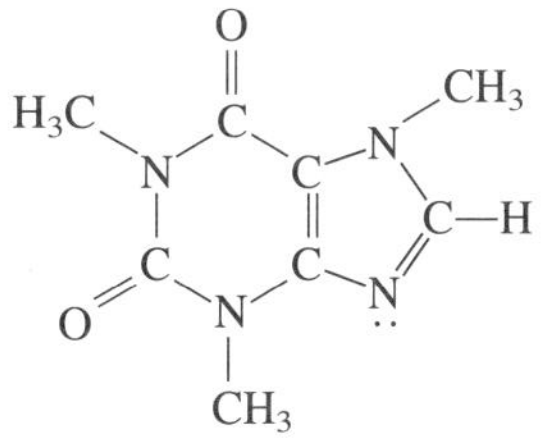 O, H_3C, C, CH_3, N, C, N, C—H, C, C, O, N, N:, CH_3	4.1×10^{-4}	$C_8H_{11}\overset{+}{N}_4O_2$	2.4×10^{-11}
암모니아	NH_3	$H-\ddot{N}(H)-H$	1.8×10^{-5}	NH_4^+	5.6×10^{-10}
피리딘	C_5H_5N	 N:	1.7×10^{-9}	$C_5H_5\overset{+}{N}H$	5.9×10^{-6}
아닐린	$C_6II_5NII_2$	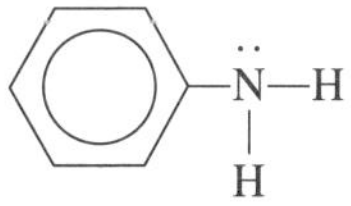 $-\ddot{N}(H)-H$	3.8×10^{-10}	$C_6II_5\overset{+}{N}II_3$	2.6×10^{-5}
요소	$(NH_2)_2CO$	$H-\ddot{N}(H)-C(=O)-\ddot{N}(H)-H$	1.5×10^{-14}	$H_2NCO\overset{+}{N}H_3$	0.67

3-9. 산-염기 지시약

지시약	색		pH 범위
	산에서	염기에서	
티몰 블루	빨강	노랑	1.2~2.8
브로모페놀 블루	노랑	청자색	3.0~4.6
메틸 오렌지	주황	노랑	3.1~4.4
메틸 레드	빨강	노랑	4.2~6.3
클로로페놀 블루	노랑	빨강	4.8~6.4
브로모티몰 블루	노랑	파랑	6.0~7.6
크레졸 레드	노랑	빨강	7.2~8.8
페놀프탈레인	무색	적자색	8.3~10.0

3-10. 용해도곱 상수

화합물	K_{sp}	화합물	K_{sp}
브로민화 구리(I) (CuBr)	4.2×10^{-8}	탄산 스트론튬 ($SrCO_3$)	1.6×10^{-9}
브로민화 은 (AgBr)	7.7×10^{-13}	탄산 은 (Ag_2CO_3)	8.1×10^{-12}
수산화 구리(II)[$Cu(OH)_2$]	2.2×10^{-20}	탄산 칼슘 ($CaCO_3$)	8.7×10^{-9}
수산화 마그네슘 [$Mg(OH)_2$]	1.2×10^{-11}	플루오린화 납(II) (PbF_2)	4.1×10^{-8}
수산화 아연 [$Zn(OH)_2$]	1.8×10^{-14}	플루오린화 바륨 (BaF_2)	1.7×10^{-6}
수산화 알루미늄 [$Al(OH)_3$]	1.8×10^{-33}	플루오린화 칼슘(CaF_2)	4.0×10^{-11}
수산화 철(II) [$Fe(OH)_2$]	1.6×10^{-14}	황산 바륨 ($BaSO_4$)	1.1×10^{-10}
수산화 철(III) [$Fe(OH)_3$]	1.1×10^{-36}	황산 스트론튬 ($SrSO_4$)	3.8×10^{-7}
수산화 칼슘 [$Ca(OH)_2$]	8.0×10^{-6}	황산 은 (Ag_2SO_4)	1.4×10^{-5}
수산화 크로뮴(III) [$Cr(OH)_3$]	3.0×10^{-29}	황화 구리(II) (CuS)	6.0×10^{-37}
염화 납(II) ($PbCl_2$)	2.4×10^{-4}	황화 납(II) (PbS)	3.4×10^{-28}
염화 수은(I) (Hg_2Cl_2)	3.5×10^{-18}	황화 니켈(II) (NiS)	1.4×10^{-24}
염화 은 (AgCl)	1.6×10^{-10}	황화 망가니즈(II) (MnS)	3.0×10^{-14}
아이오딘화 구리(I) (CuI)	5.1×10^{-12}	황화 비스무트 (Bi_2S_3)	1.6×10^{-72}
아이오딘화 납(II) (PbI_2)	1.4×10^{-8}	황화 수은(II) (HgS)	4.0×10^{-54}
아이오딘화 은 (AgI)	8.3×10^{-17}	황화 아연 (ZnS)	3.0×10^{-23}
인산 칼슘 [$Ca_3(PO_4)_2$]	1.2×10^{-26}	황화 은 (Ag_2S)	6.0×10^{-51}
크로뮴산 납(II) ($PbCrO_4$)	2.0×10^{-14}	황화 주석(II) (SnS)	1.0×10^{-26}
탄산 납(II) ($PbCO_3$)	3.3×10^{-14}	황화 철(II) (FeS)	6.0×10^{-19}
탄산 마그네슘 ($MgCO_3$)	4.0×10^{-5}	황화 카드뮴 (CdS)	8.0×10^{-28}
탄산 바륨 ($BaCO_3$)	8.1×10^{-9}	황화 코발트(II) (CoS)	4.0×10^{-21}

3-11. 착물 형성 상수

착이온	평형식	형성 상수 (K_f)
$Ag(NH_3)_2^+$	$Ag^+ + 2NH_3 \rightleftharpoons Ag(NH_3)_2^+$	1.5×10^7
$Ag(CN)_2^-$	$Ag^+ + 2CN^- \rightleftharpoons Ag(CN)_2^-$	1.0×10^{21}
$Cu(CN)_4^{2-}$	$Cu^{2+} + 4CN^- \rightleftharpoons Cu(CN)_4^{2-}$	1.0×10^{25}
$Cu(NH_3)_4^{2+}$	$Cu^{2+} + 4NH_3 \rightleftharpoons Cu(NH_3)_4^{2+}$	5.0×10^{13}
$Cd(CN)_4^{2-}$	$Cd^{2+} + 4CN^- \rightleftharpoons Cd(CN)_4^{2-}$	7.1×10^{16}
CdI_4^{2-}	$Cd^{2+} + 4I^- \rightleftharpoons CdI_4^{2-}$	2.0×10^6
$HgCl_4^{2-}$	$Hg^{2+} + 4Cl^- \rightleftharpoons HgCl_4^{2-}$	1.7×10^{16}
HgI_4^{2-}	$Hg^{2+} + 4I^- \rightleftharpoons HgI_4^{2-}$	2.0×10^{30}
$Hg(CN)_4^{2-}$	$Hg^{2+} + 4CN^- \rightleftharpoons Hg(CN)_4^{2-}$	2.5×10^{41}
$Co(NH_3)_6^{3+}$	$Co^{3+} + 6NH_3 \rightleftharpoons Co(NH_3)_6^{3+}$	5.0×10^{31}
$Zn(NH_3)_4^{2+}$	$Zn^{2+} + 4NH_3 \rightleftharpoons Zn(NH_3)_4^{2+}$	2.9×10^9

편저자 소개

공주대학교 • 이석우
단국대학교 • 김승회
대진대학교 • 박성호, 안범수, 채원석, 한만소
선문대학교 • 김명녀, 이창재
전북대학교 • 김철주, 이동헌
조선대학교 • 류　설, 윤석진
제주대학교 • 강창희, 김덕수, 김원형, 변종철
이남호, 이선주

일반화학실험

2016년 3월 1일 수정1판 1쇄 발행
2023년 2월 28일 수정1판 6쇄 발행

편저자와의 합의로 인지 첩부를 생략함

편저자 화학교재연구회
발행인 박 종 성
발행처 사이플러스 Science plus
우 07202 / 서울특별시 영등포구 양평로 30길 14
세종앤까뮤스퀘어 1106호
전화 332-6171 / 팩스 332-6185
등록 2005.10.20. 제2022-000100호

ISBN 978-89-92603-88-1 93430 값 20,000원